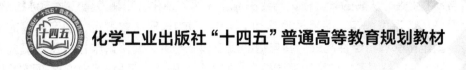

化学工业出版社"十四五"普通高等教育规划教材

海洋食品酶工程综合实验

毛相朝　刘　振　主编

化学工业出版社

·北京·

内容简介

《海洋食品酶工程综合实验》分为基础实验篇和综合实验篇两个部分，每部分包含8个实验。从酶的异源表达与粗酶制备、酶的纯化、粗酶液蛋白质电泳检测、酶最适反应温度测定、酶最适反应pH测定、酶的米氏常数测定、固定化酶的制备、固定化酶的稳定性测试、酶与糖的反应模式研究、酶降解卡拉胶反应模式研究、裂解酶降解海藻酸钠反应模式研究等方面，全面阐述了酶工程中的各项实验技术，内容充实，可操作性强。

本实验教材为全新编写教材，本着以学生为中心的原则，参照“两性一度”的教育部“金课”建设标准，在内容与形式上具有多项特点。本书可供高等院校食品科学与工程、食品质量与安全等专业教师和学生使用，也可为海洋食品相关生产企业提供参考与借鉴。

图书在版编目（CIP）数据

海洋食品酶工程综合实验/毛相朝，刘振主编. —北京：化学工业出版社，2023.9

化学工业出版社“十四五”普通高等教育规划教材

ISBN 978-7-122-43621-4

Ⅰ.①海… Ⅱ.①毛…②刘… Ⅲ.①水产食品-酶工程-实验-高等学校-教材 Ⅳ.①TS254-33

中国国家版本馆CIP数据核字（2023）第104297号

责任编辑：赵玉清　李建丽　周　倜　　文字编辑：刘洋洋
责任校对：边　涛　　装帧设计：关　飞

出版发行：化学工业出版社
（北京市东城区青年湖南街13号　邮政编码100011）
印　装：北京天宇星印刷厂
710mm×1000mm　1/16　印张9¼　字数165千字
2024年1月北京第1版第1次印刷

购书咨询：010-64518888
售后服务：010-64518899
网　址：http://www.cip.com.cn
凡购买本书，如有缺损质量问题，本社销售中心负责调换。

定　价：32.00元

根据海洋强国战略，我们要提高海洋资源开发能力，着力推动海洋经济向质量效益型转变。海洋生物资源的绿色开发利用是我国食品安全战略、"健康中国2030"规划顺利实施的重要保障，是我国经略海洋、海洋强国战略及新旧动能转换的重要组成部分与推动力量。海洋酶工程以酶为核心进行海洋生物资源转化，旨在解决目前海洋生物资源开发领域存在的产品附加值低、环境污染严重、资源利用率低等问题，将海洋生物资源转化为高值化高质化产品。

海洋生物资源利用在产业上仍面临加工水平低、资源利用率低、污染严重等多方面的问题。在我国现阶段提出海洋强国战略、"健康中国2030"、"大食物观"等的大背景下，海洋生物资源利用领域迎来了新的发展契机。而随着生物科学技术的不断进步以及生物技术与海洋和食品领域的深度融合，利用生物技术手段开发海洋生物资源成为当前的研究热点，其中具有代表性的领域为海洋酶工程，即利用酶学方法建立海洋生物资源转化技术，实现其高值化综合利用。目前各高校及科研院所已在海洋酶工程领域开展了大量研究，取得了许多成果，海洋酶工程具有广阔的应用前景。各高校也纷纷开始将研究成果扩展到教学方面，大力开展基于酶工程的海洋生物资源转化技术教学。然而在实验教学方面，虽然已有类似课程开设，如中国海洋大学食品科学与工程学院的专业综合大实验（酶工程部分）、酶与生化反应过程综合实验，但目前存在的一个严重问题是缺乏相关教材，因此亟须编写海洋酶工程实验的相关教材，这是本教材编写的初衷。

本教材主编毛相朝的研究方向为海洋食品酶工程，在中国海洋大学讲授生化工程、海洋生物资源开发与利用、食品生物技术等多门海洋酶工程相关课程，主持过全国农业教指委立项研究课题、国家级新工科研究与实践项目等多项教学研究课题，获得山东省教学成果一等奖（2/8）与二等奖（1/10），主编过《海洋食品酶工程》《虾深加工技术》《食品卓越工程师工程实践培养手册》等多本教材，具有丰富的教材编写经验。本教材主编刘振参编过教材《海洋食品酶工程》，在中国海洋大学讲授专业综合大实验（酶工程部分）、酶与生化反应过程综合实验两门海洋酶工程相关课程。毛相朝的教材编写经验与刘振的实践教学经验相结合，形成了本教材编写的基础。

本教材为全新编写教材，本着以学生为中心的原则，参照"两性一度"的教育部"金课"建设标准，在内容与形式上具有多项特点。

在高阶性方面：

本教材基础实验篇的各个独立实验组合在一起形成了一个有机整体，构成了从酶的表达纯化到定性再到应用的整个酶工程过程。学生通过学习该教材能够掌握基于酶工程方法解决生物资源利用中复杂问题的能力。

每个实验均采用启发性引入，并设有分析讨论部分，提出多个实验相关问题，引导学生思考解答，锻炼学生的思维能力，有效避免学生只动手不动脑，成为做实验的工具人。

在创新性方面：

在内容上，本教材综合实验篇选取有代表性的海洋生物资源，教授以酶工程方法实现海洋生物资源转化的具体应用案例。这些案例取材于近年来该领域的最新研究进展，将最新的科研项目写进教材，引入课堂。

在形式上，本教材在每个实验中均包含启发性引入、实验流程图、结果示例图表数据、分析讨论中的引导问题、心得传授、补充与强化等部分，此外，实验内容后还增加了拓展阅读部分，介绍了杰出科学家及他们的精神，增加了教材的趣味性、启发性、有用性。

在挑战度方面：

本教材在提供实验流程的基础上，对每个实验的关键环节（如酶催化反应），并未给出具体的条件与参数，而是让学生自己去设计实验，完成该挑战后，能够掌握独立设计并操作实验的能力。

本教材分为基础实验篇与综合实验篇两个部分，每部分均包含8个实验。毛相朝负责全书的顶层设计，刘振负责每个实验各部分内容与布局的具体设计。实验1-1、1-2、1-3由金佳编写，实验1-4、1-5、1-6由宋阳编写，实验1-7、1-8由王伟编写，实验2-1由刘振编写，实验2-2由江承程编写，实验2-3由程丹阳编写，实验2-4由邢爱佳编写，实验2-5由苏海鹏编写，实验2-6、2-7由高坤鹏编写，实验2-8由毛振杰编写。刘振负责全书的统稿和文字校对。

限于作者水平，本书中难免有疏漏和不妥之处，恳请广大读者批评指正。

目 录

基础实验篇

　　本篇是以酶法进行海洋生物资源转化的基础实验部分，包括酶的异源表达、亲和色谱纯化和酶基本性质的测定，如利用SDS-PAGE方法测定酶的相对分子质量及显示纯化过程，酶的最适温度与最适pH测定，酶的米氏常数测定，以及酶的固定化等。本篇前6个实验选用降解琼胶生成新琼寡糖的海洋特色酶β-琼胶酶为例进行各个实验项目的教学。本篇的酶基础实验技术可以推广应用到其他各类酶的研究与开发中。

酶的异源表达与粗酶制备

琼脂是从红藻细胞壁中提取出来的一种重要多糖，由琼脂糖和琼脂胶组成。琼脂糖水解后生成的琼胶寡糖具有许多生物功能，应用广泛。那么如何将琼脂糖转变为琼胶寡糖呢？参与这一过程的酶又是如何获取的呢？

一、实验目的

（1）学习并掌握培养基的配制及标准曲线的绘制。

（2）通过实验设计掌握基因工程菌异源表达的过程。

（3）掌握并描述 β-琼胶酶的表达过程。

二、实验原理

如图1-1-1所示，将来自淡黄色噬琼胶菌（*Agarivorans gilvus*）的 β-琼胶酶编码基因 *agWH50B* 连接至表达载体中，形成重组质粒。将该重组质粒转化至表达宿主 *Escherichia coli* BL21（DE3）中，得到重组菌株 *E.coli* AgWH50B。该

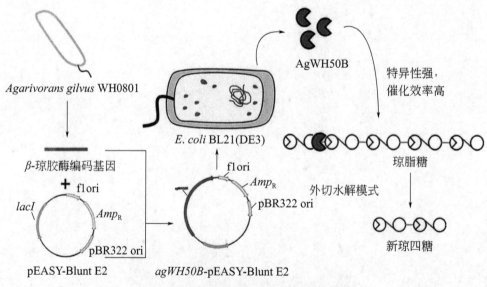

图 1-1-1　β-琼胶酶 AgWH50B 的异源表达

重组菌株在诱导物IPTG或诱导培养基的诱导下，可在胞内大量合成β-琼胶酶AgWH50B。AgWH50B可外切琼脂糖形成相应的新琼四糖[1]。

α-琼胶酶和β-琼胶酶水解琼胶的α-1,3-糖苷键或β-1,4-糖苷键，从而产生还原性末端。琼胶酶酶活的定量分析一般采用分光光度法测定还原糖浓度的增加，常用方法为Nelson法或者DNS法，用D-半乳糖作为标准样品。

三、实验器材

1.实验材料

（1）LB液体培养基（由胰蛋白胨、酵母粉、NaCl配制而成，具体配制方法见"四、实验方法"）。

（2）ZYP-5052液体培养基（具体配制方法见"四、实验方法"）。

（3）20×P缓冲液（具体配制方法见"四、实验方法"）。

（4）500×MgSO$_4$溶液（具体配制方法见"四、实验方法"）。

（5）50×5052诱导剂（具体配制方法见"四、实验方法"）。

（6）0.1mg/mL牛血清蛋白（具体配制方法见"四、实验方法"）。

（7）考马斯亮蓝溶液（具体配制方法见"四、实验方法"）。

（8）1mg/mL D-半乳糖（具体配制方法见"四、实验方法"）。

（9）20mmol/L磷酸盐缓冲液（pH8.0）。

（10）DNS试剂。

（11）氨苄西林。

（12）0.3%低熔点琼脂糖溶液（具体配制方法见"四、实验方法"）。

2.实验仪器

（1）超净工作台：用于接菌。

（2）恒温摇床：用于菌种活化及菌体富集培养（37℃，20℃）。

（3）冷冻高速离心机：用于菌体及粗酶液收集。

（4）超声破碎仪：用于菌体破碎，制备粗酶液。

（5）高压灭菌锅：用于培养基的配制灭菌。

（6）恒温水浴锅：用于维持40℃酶解反应。

（7）电磁炉：用于样品进行沸水浴、结束酶解反应以及DNS显色反应。

（8）紫外可见分光光度计：用于酶活测定。

（9）超低温冰箱：用于酶液保存。

四、实验方法

1.培养基的配制

（1）Luria-Bertani（LB）液体培养基：1%胰蛋白胨，0.5%酵母提取物，1% NaCl，121℃灭菌20min。

（2）ZYP-5052液体培养基：1%胰蛋白胨，0.5%酵母提取物，1×P缓冲液，1×5052诱导剂，0.002mol/L MgSO$_4$。

50mL ZYP-5052：2500μL 20×P+100μL 1mol/L MgSO$_4$，用不含NaCl的LB定容至49mL（121℃，20min）；接菌时再加1mL 115℃灭菌30min后的50×5052诱导剂，无菌操作。

（3）20×P缓冲液：1mol/L Na$_2$HPO$_4$，1mol/L KH$_2$PO$_4$和0.5mol/L(NH$_4$)$_2$SO$_4$。

（4）500×MgSO$_4$溶液：1mol/L MgSO$_4$。

（5）50×5052诱导剂：25%甘油，2.5%葡萄糖和10% α-乳糖一水合物。

2.考马斯亮蓝法测定蛋白质浓度标准曲线的绘制

（1）考马斯亮蓝溶液：称取100mg考马斯亮蓝G-250，溶于50mL 95%乙醇中，加入100mL 850g/L的磷酸，用蒸馏水定容到1L，过滤后贮于棕色瓶中，常温下可保存一个月。

（2）标准蛋白质溶液：纯的牛血清蛋白配制成0.1mg/mL蛋白质溶液。

（3）绘制方法：在比色管中分别加入0mL、0.2mL、0.4mL、0.6mL、0.8mL、1.0mL 0.1mg/mL的标准蛋白质溶液，前5管用蒸馏水定容至1.0mL，再各加入5mL考马斯亮蓝溶液，旋涡振荡混匀，室温反应20min，反应结束后于595nm处测定吸光度。以吸光度为横坐标，蛋白质浓度为纵坐标，绘制蛋白质标准曲线。

3.DNS法测定还原糖标准曲线的绘制

（1）标准D-半乳糖溶液配制：纯的D-半乳糖配制成1mg/mL溶液。

（2）绘制方法：在比色管中分别加入0mL、0.02mL、0.04mL、0.06mL、0.08mL、0.10mL、0.12mL D-半乳糖溶液，加蒸馏水定容至0.20mL，加入0.30mL DNS试剂，沸水浴5min，冷水冷却，540nm比色。以吸光度为横坐标，D-半乳糖浓度为纵坐标，绘制标准曲线。

4.粗酶制备

（1）菌种活化：以1%接种量接种菌液至含有100μg/mL氨苄西林的LB培养基中，37℃，220r/min，培养12h，得到种子液。

（2）发酵培养：以1%接种量接种菌液至含有100μg/mL氨苄西林的ZYP-5052培养基中，20℃，200r/min，自诱导培养48h。

（3）粗酶液收集：将菌体利用移液器吹打重悬于破碎缓冲液（20mmol/L pH8.0的磷酸盐缓冲液）中，利用超声破碎仪破碎重悬细胞，具体参数为振幅30%，超声时间30min，3s工作，3s暂停。将破碎后菌体离心（9000r/min，4℃，30min）后，收集上清液组分即为粗酶液。

5.粗酶液蛋白质含量测定

取1mL粗酶液加入5mL考马斯亮蓝溶液中，旋涡振荡混匀，室温反应20min，反应结束后于595nm处测定吸光度，根据蛋白质标准曲线计算粗酶液的蛋白质含量。

6.粗酶活性测定

（1）0.3%低熔点琼脂糖溶液配制：称取0.03g低熔点琼脂糖于15mL离心管中，加入10mL超纯水，沸水浴5min左右使琼脂糖完全溶解，于40℃水浴锅温育。

（2）反应体系

实验组：取0.19mL 0.3%低熔点琼脂糖溶液，加入0.01mL粗酶液，于40℃反应30min，沸水浴10min灭活。

对照组：取0.19mL 0.3%低熔点琼脂糖溶液，加入0.01mL 15min沸水浴灭活后的粗酶液，其他条件与实验组一样，每组3个平行。

（3）DNS法测定酶活力：各组反应液分别加入0.3mL DNS试剂，沸水浴5min，冷水冷却，测定540nm处吸光度。1单位（U）酶活力的定义为：在标准反应条件下β-琼胶酶催化琼脂糖水解，每分钟释放1μmoL还原糖所需的酶量。

本实验流程如图1-1-2所示。

五、实验报告

实验报告统一格式。

1.基本信息

课程名称				成绩	
姓名		学号		专业年级	
授课教师		时间		地点	
实验题目					
小组成员贡献度评价（各成员贡献度之和为100%）；小组共（ ）人					
姓名					
贡献度					

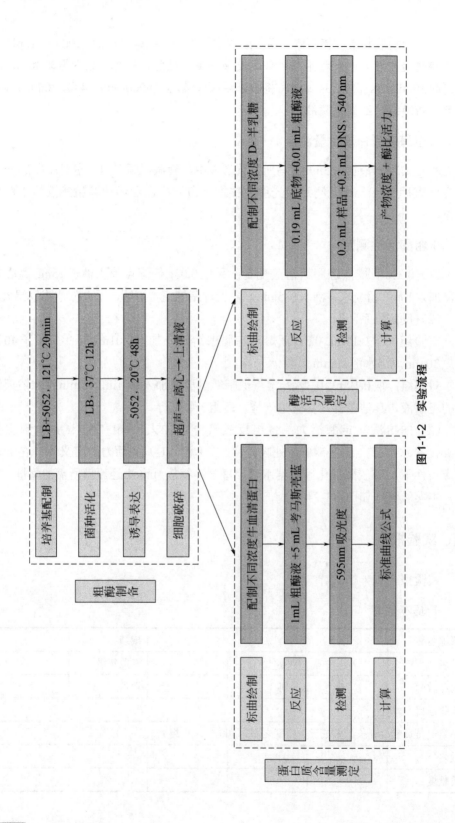

图 1-1-2 实验流程

海洋食品酶工程综合实验

2.实验结果

实验报告中应包含如下内容。

（1）酶比活力测定结果，需列表展示实验组及对照组540nm处吸光度值，并根据绘制的标准曲线计算粗酶液酶比活力，如表1-1-1所示。

酶比活力计算公式：

$$\text{酶比活力} = \frac{\text{还原糖的物质的量(μmol)}}{\text{酶的质量(mg)×反应时间(min)}}$$

表1-1-1　OD$_{540}$测定结果示例

组别	实验组	对照组
OD$_{540}$平行1	0.905	0.084
OD$_{540}$平行2	0.899	0.087
OD$_{540}$平行3	0.901	0.081

（2）根据表格中标准曲线测定实验的原始数据，绘制标准曲线图，计算得到标准曲线公式，如表1-1-2、图1-1-3、表1-1-3、图1-1-4所示。

表1-1-2　蛋白质标准曲线测定结果示例

蛋白质含量/mg	0	0.01	0.02	0.04	0.06	0.08	0.1
OD$_{595}$平行1	0.450	0.508	0.562	0.659	0.729	0.809	0.915
OD$_{595}$平行2	0.442	0.508	0.563	0.652	0.743	0.836	0.918
OD$_{595}$平行3	0.474	0.525	0.566	0.659	0.744	0.815	0.919

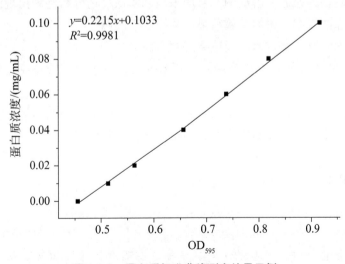

图1-1-3　蛋白质标准曲线测定结果示例

表 1-1-3　还原糖标准曲线测定结果示例

还原糖含量/mg	0	0.02	0.04	0.06	0.08	0.1	0.12
OD_{540}平行1	0.0462	0.136	0.251	0.376	0.501	0.625	0.729
OD_{540}平行2	0.0465	0.138	0.257	0.371	0.508	0.614	0.732
OD_{540}平行3	0.0442	0.132	0.264	0.369	0.508	0.641	0.771

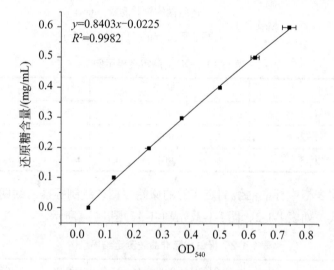

图 1-1-4　还原糖标准曲线测定结果示例

3.分析讨论

请分析你的实验测定结果，并与其他小组实验结果进行对比讨论。实验中遇到了什么问题，你是怎么解决的？若尚未成功解决，请分析问题出现的原因，并提出相应的解决方案。根据实验结果，回答以下问题。

（1）根据实验计算过程，阐述酶活力的定义。

（2）LB培养基与5052培养基的区别是什么？分析不同营养成分对于菌体生长的作用。

（3）本实验采用DNS法测定酶活性，请阐述你知道的其他的酶活力测定方法。

（4）你对本实验有什么建议？你还想进行哪些其他实验？

六、实验小结

术语：
酶：是由活细胞产生的、对其底物具有高度特异性和高度催化效能的蛋白质或RNA[2]。

酶活力：是酶在一定条件下，催化某一化学反应的速率，酶活力单位（U）为单位时间内催化一定浓度底物减少或产物增加所需的酶量[3]。

异源表达：将蛋白质编码基因通过基因重组导入宿主细胞，利用宿主的转录翻译系统实现表达。

粗酶液：对细胞进行破壁处理（胞内酶）或直接由细胞释放到培养液中（胞外酶）未经任何纯化操作处理的酶液[2]。

（1）反应时需将配制好的低熔点琼脂糖底物溶液在40℃温育5min，然后加入粗酶液后开始反应，这样可最大程度保证反应在设定的温度条件下进行。

（2）DNS法测定时冷水冷却后建议离心后再进行比色，确保实验结果准确性。

（3）超净台使用前30min开启紫外灭菌灯，对工作区域进行照射杀菌；使用时，关闭紫外灭菌灯，开启日光灯；使用完毕，应擦净工作台面，开启紫外灭菌灯消毒灭菌，20min后关闭紫外灯，关闭超净台电源。

七、应用总结

1.选用大肠杆菌作为基因工程常用宿主菌的原因

大肠杆菌是一种典型的碱性厌氧性细菌，选用它作为基因工程中常用的宿主菌的原因：一是大肠杆菌是一种常见菌种，人们对其细胞形态及生理生化特性已经了解比较深入，对于培养基配制与载体导入的具体技术等方面也就更容易把握；二是大肠杆菌体积小，表面积与体积的比例很大，能利用氧气进行彻底生物氧化释放大量能量在体内迅速转化，因而能够与外界迅速进行物质和能量交换，新陈代谢极其迅速，就如同一个效率极高的化工厂，且与真正化工厂相比所需反应条件又很温和；三是细菌质粒（游离于细菌等微生物细胞质中的小型环状DNA分子）是基因工程常用的载体（与目的基因结合的工具），而大肠杆菌质粒又是基因工程中最常用的质粒，大肠杆菌质粒可以使目的基因在宿主细胞中高效复制和表达，而最适合大肠杆菌质粒完成使命的场所当然就是它的天然来源——大肠杆菌。

2.琼胶寡糖的制备方法

琼胶寡糖的制备方法主要分为酶解法和酸解法两种，相较于化学法得到琼胶寡糖，利用来源于微生物的琼胶酶对琼脂糖进行水解来获得琼胶寡糖的优势在于酶解反应温和不剧烈、低能耗、绿色环保，酶具有专一性和高效性，可特异性断裂糖苷键，因此可得到较为单一的琼胶寡糖，易控制降解程度。

3. 琼胶酶的分类

根据切割琼脂糖中糖苷键的位置差异，琼胶酶可分为 α-琼胶酶和 β-琼胶酶两种。α-琼胶酶可断裂琼脂糖结构中的 α-1,3-糖苷键，生成以 D-半乳糖为非还原端的琼寡糖；β-琼胶酶可断裂琼脂糖结构中的 β-1,4-糖苷键，生成以 3,6-L-内醚半乳糖为非还原端的新琼寡糖。目前所表征的 β-琼胶酶涵盖了糖苷水解酶（GH）16、GH50、GH86 和 GH118 四个家族，α-琼胶酶全属于 GH96 家族。

4. DNS 法测定还原糖含量的原理

DNS（二硝基水杨酸）法是测定还原糖含量最常用的方法。在碱性条件下，DNS 与还原糖发生氧化还原反应，生成 3-氨基-5-硝基水杨酸，该产物在煮沸条件下显棕红色，在 540nm 处有吸收，且在一定浓度范围内颜色深浅与还原糖含量成比例关系，用比色法即可测定还原糖含量。

5. 大肠杆菌表达系统的发展历程

大肠杆菌表达系统是基因表达技术中发展最早目前应用最广泛的经典表达系统。大肠杆菌表达系统的发展历史可追溯到 20 世纪 70 年代 Struhl 等（1976）、Vapnek 等（1977）和 Chang 等（1978）分别将酿酒酵母 DNA 片段、粗糙链孢霉 DNA 片段和哺乳动物 cDNA 片段导入大肠杆菌引起其表型的改变，证明了外源基因在大肠杆菌中可以表达出其功能活性。这些研究工作为大肠杆菌表达系统的发展奠定了理论基础。Guarante 等（1980）在《科学》（*Science*）杂志上发表了以质粒、乳糖操纵子为基础建立起来的大肠杆菌表达系统。这一发展构成了大肠杆菌系统的雏形。随着 80 年代后期分子生物学技术的不断发展，大肠杆菌表达系统也不断得到发展和完善。

目前，已被用于表达外源蛋白质的表达系统有细菌（大肠杆菌和枯草杆菌）、酵母、昆虫、植物和哺乳动物细胞及近些年出现的很多新型的真核表达系统等。与其他表达系统相比大肠杆菌表达系统具有遗传背景清楚、目的基因表达水平高、培养周期短、抗污染能力强等特点，是目前应用最为广泛的蛋白质表达系统，涵盖病毒蛋白、兽用疫苗、植物及水产研究用蛋白、细胞因子及酶类等方面。它由表达载体、外源基因和表达宿主菌组成，在基因表达技术中占有重要的地位，是分子生物学研究和生物技术产业化发展过程中的重要工具。

参考文献

[1] Liu N，Mao X Z，Du Z J，et al，Cloning and characterisation of a novel neoagarotetraose-forming-beta-agarase，AgWH50A from *Agarivorans gilvus* WH0801[J]. Carbohydrate Research，2014，388：147-151.

[2] 全国科学技术名词审定委员会. 生物化学与分子生物学名词[M]. 北京：科学出版社，2009.

[3] 中国营养学会. 营养科学词典[M]. 北京：中国轻工业出版社，2013.

实验1-2
酶的纯化

为避免细菌细胞内部其他物质对酶性质的干扰，经过细胞破碎获得的粗酶液需要进一步纯化得到目的条带单一的纯酶，以方便我们进行后续酶学性质探究和应用。那么常用的纯化方法是什么？又该如何开展纯化实验呢？

一、实验目的

（1）学习并掌握His-tag蛋白质纯化的原理与基本步骤。

（2）掌握蛋白质纯化常用的方法。

二、实验原理

根据目的蛋白是否具有标签，将蛋白质纯化方法分为普通蛋白质纯化和具有标签的蛋白质纯化。普通蛋白质纯化基本操作大致如下：首先根据蛋白质分子表面极性不同，采用硫酸铵分离法进行分离，再进一步根据分子净电荷不同，采用离子交换法进行进一步分离，最后根据分子量大小不同，采用凝胶过滤法进行分离，即可得到纯度较高的目的蛋白。具有标签的蛋白质纯化利用标签与配体（配基）进行特异结合，通过亲和色谱进行纯化，标签不同，选择的亲和配体（配基）也不同，比如Ni^{2+}与His相互作用，GST标签与谷胱甘肽相互作用。配体必须偶联于固相单体上，常用的固相单体有琼脂糖凝胶、葡聚糖凝胶、聚丙烯酰胺凝胶、纤维素等。

如图1-2-1所示，β-琼胶酶AgWH50B具有His标签，根据Ni^{2+}与His相互作用选用亲和色谱法进行分离纯化。纯化的基本原理是利用分子间存在特异性的相互作用，它们之间都能够进行专一而又可逆地结合，这种结合力称为亲和力。纯化时固相载体通常选用琼脂糖凝胶，可与Ni^{2+}结合，而需纯化的目的蛋白的N端和/或C端带有的His-tag，会与Ni^{2+}结合，因此在粗酶液流经镍柱时，目的蛋白会留在柱内，而大部分杂蛋白均作为穿过峰流出，也会有少量杂蛋白非特异性结合于柱内。咪唑也可以结合Ni^{2+}，当以浓度逐渐增加的咪唑溶液进行梯度洗脱时，因咪唑会与蛋白质进行Ni^{2+}的竞争性结合，首先非特异性结合的杂蛋白被洗脱下来，之后目的蛋白被洗脱下来，从而实现目的蛋白的纯化。

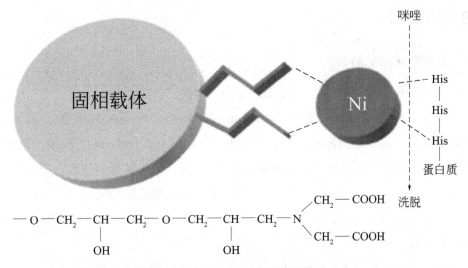

图 1-2-1　His-tag 蛋白质纯化的原理

三、实验器材

1. 实验材料

（1）β-琼胶酶 AgWH50B 粗酶液。

（2）纯化所需缓冲液。

（3）20% 乙醇。

（4）蒸馏水。

（5）考马斯亮蓝 G-250。

（6）镍柱填料。

（7）纯化操作耗材：镍柱、注射器、0.45μm 滤膜、50mL 离心管、离心管架。

（8）30kDa 超滤管。

（9）DNS 试剂。

（10）0.3% 低熔点琼脂糖溶液。

2. 实验仪器

（1）水浴锅：用于维持 40℃ 酶解反应。

（2）电磁炉：用于样品进行沸水浴、结束酶解反应以及 DNS 反应中产物的显色。

（3）低温冷冻离心机：利用超滤管和低温冷冻离心机对酶液进行多次离心，置换除去咪唑。

四、实验方法

1.缓冲液的配制

（1）200mmol/L磷酸氢二钠、200mmol/L磷酸二氢钠各500mL。

（2）缓冲液A（PBS，2L）：由500mmol/L NaCl、200mmol/L磷酸二氢钠与200mmol/L磷酸氢二钠配制而成。在烧杯中加入5.3mL 200mmol/L磷酸二氢钠，94.7mL 200mmol/L磷酸氢二钠，称取29.22g NaCl，用1L容量瓶定容。用酸度计测pH，用200mmol/L磷酸二氢钠和/或200mmol/L磷酸氢二钠调节pH为8.0。

（3）缓冲液B（500mmol/L咪唑，1L）：称取34g咪唑，用PBS溶解，用1L容量瓶定容。

（4）结合缓冲液（Binding Buffer）（含10mmol/L咪唑的缓冲液A）。

（5）清洗缓冲液（Wash Buffer）（分别含20mmol/L、50mmol/L、80mmol/L、120mmol/L、200mmol/L咪唑的缓冲液A）。

2.纯化步骤[1]

（1）镍柱先用6个柱体积（填料部分为柱体积）的20%乙醇清洗，再用6个柱体积的蒸馏水清洗，将乙醇洗去。

（2）加入6个柱体积的结合缓冲液平衡柱子。

（3）上样（样品先用0.45μm滤膜过滤），如果样品过多可分多次加入，中间用结合缓冲液清洗。

（4）上样结束后，结合缓冲液洗至无蛋白质流出，即用于检测的考马斯亮蓝溶液不变蓝时。

（5）依次用含有不同咪唑浓度梯度（20mmol/L、50mmol/L、80mmol/L、120mmol/L、200mmol/L）的洗脱缓冲液洗脱柱子。同时用考马斯亮蓝进行检测，当考马斯亮蓝变蓝时开始收集，不再变蓝时停止收集。将收集好的液体分装在10mL离心管中冰浴保存。

（6）洗柱子：用缓冲液B即含500mmol/L咪唑的PBS试剂清洗，洗去蛋白质，再用水洗，最后加入20%乙醇，4℃保存。

（7）分装好的目的蛋白，用超滤管进行置换（2个体积），4000r/min，15min多次离心置换后，达到对酶液进一步纯化浓缩且除去咪唑的效果，分装后于−20℃保存。

3.酶活力测定

（1）0.3%低熔点琼脂糖溶液配制：称取0.03g低熔点琼脂糖于15mL离心管中，加入10mL超纯水，沸水浴5min左右使琼脂糖完全溶解，于40℃水浴锅温育。

（2）反应体系

实验组：取0.15mL 0.3%低熔点琼脂糖溶液，加入0.05mL收集的不同浓度洗脱液，于40℃反应30min，沸水浴10min灭活。

对照组：取0.15mL 0.3%低熔点琼脂糖溶液，加入0.05mL 15min灭活后酶液，其他条件与实验组一样，每组3个平行。

（3）DNS法测定酶活性：给反应液分别加入0.3mL DNS试剂，沸水浴5min，冷水冷却，测定540nm处吸光度。

本实验流程如图1-2-2所示。

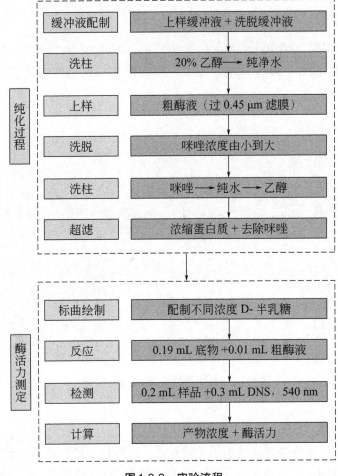

图1-2-2　实验流程

五、实验报告

实验报告统一格式。

1. 基本信息

课程名称			成绩	
姓名		学号	专业年级	
授课教师		时间	地点	
实验题目				
小组成员贡献度评价（各成员贡献度之和为100%）；小组共（　　）人				
姓名				
贡献度				

2. 实验结果

实验报告中应包含如下内容。

不同浓度洗脱液酶活力测定结果，需在图中标注各个样品的名称，如图1-2-3所示。

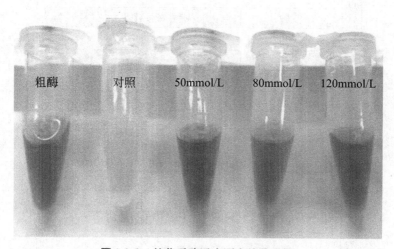

图1-2-3　纯化后酶活力测定结果示例

3. 分析讨论

请将你的实验结果与其他小组进行对比，分析是否产生差异及有可能的造成差异产生的原因。实验中遇到了什么问题，你是怎么解决的？若尚未成功解决，请分析问题出现的原因，并提出相应的解决方案。根据实验结果，回答以下问题。

（1）本实验进行时设置不同浓度洗脱液并且按照浓度由低到高依次洗脱，思考这样设置实验的原因。

（2）纯化结束后需要通过超滤置换酶液，为什么要进行此步骤，若没有进行，可能会产生什么影响？

（3）镍柱纯化蛋白质过程中流速过快或过慢有什么影响？

（4）你对本实验有什么建议？你还想进行哪些其他实验？

六、实验小结

术语：

　　亲和色谱：亲和色谱是一种利用固定相的结合特性来分离分子的色谱方法。亲和色谱在凝胶过滤色谱柱上连接与待分离的物质有特异性结合能力的分子，并且它们的结合是可逆的，在改变流动相条件时二者还能相互分离。例如蛋白质纯化中常用Ni^{2+}特异性结合His-tag来实现目的蛋白的纯化[2]。

　　蛋白质纯化：根据目的蛋白的性质设计分离纯化流程将目的蛋白从细胞裂解液的全部组分中分离出来，同时仍保留蛋白质的生物学活性及化学完整性[3]。

（1）纯化时所有过柱的液体均需过0.45μm滤膜，以免堵塞柱子。

（2）纯化时应保持柱子、酶液、缓冲液处于低温环境，以免酶在纯化操作过程中失去活性。

（3）纯化过程结束后一定要用高浓度咪唑洗脱柱子至考马斯亮蓝不再变色，并用等柱体积的20%乙醇封柱于4℃保存，以免损伤柱子，延长镍柱使用寿命。

（4）推荐在中性至弱碱性条件下（pH7～8）结合重组蛋白。磷酸盐是常用的缓冲液，Tric-HCl在一般情况下可用，但要注意它会降低结合强度。

（5）纯化开始前要做好柱子的清洗及平衡步骤，以使蛋白质能够更好地结合。

七、应用总结

下面介绍几种蛋白质纯化方法。

（1）凝胶过滤色谱：凝胶过滤色谱（也叫排阻色谱或分子筛）是一种根据分子大小从混合物中分离蛋白质的方法。不同蛋白质的形状及分子大小存在差异，在混合物通过含有填充颗粒的凝胶过滤色谱柱时，由于各种蛋白质的分子大小不同，扩散进入特定大小孔径颗粒内的能力也各异，大的蛋白质分子会被先洗脱出来，分子越小，越晚洗脱，从而达到分离蛋白质的目的。一般来说，凝胶过滤色谱柱越细、越长纯化的效果越好。

凝胶过滤色谱所能纯化的蛋白质分子量范围很宽，纯化过程中也不需要能引起蛋白质变性的有机溶剂。缺点是所用树脂有轻度的亲水性，电荷密度较高的蛋白质容易吸附在上面，不适宜纯化电荷密度较高的蛋白质。

（2）离子交换色谱：离子交换色谱是一种依据蛋白质表面所带电荷量不同进行蛋白质分离纯化的技术。蛋白质表面通常会带有一定的电荷，带电荷的氨基酸残基均匀地分布在蛋白质的表面，在一定条件下可以与阳离子交换柱或阴离子交换柱结合。这种带电分子与固定相之间的结合作用是可逆的，在改变pH或者用逐渐增加离子强度的缓冲液洗脱时，离子交换剂上结合的物质可与洗脱液中的离子发生交换而被洗脱到溶液中。因为不同物质带的电荷不同，其与离子交换剂的结合能力也不同，所以被洗脱到溶液中的顺序也不同，从而达到分离的效果。

（3）亲和色谱：亲和色谱纯化是利用生物大分子物质具有与某些相应的分子专一性可逆结合的特性进行蛋白质纯化的技术。该方法适用于从成分复杂且杂质含量远大于目标物的混合物中提纯目标物，具有分离效果好、分离条件温和、结合效率高、分离速度快的优点。亲和色谱技术可以利用配基与生物分子间的特异性吸附来分离蛋白质，也可以在蛋白质上加上标签，利用标签与配基之间的特异性结合来纯化蛋白质。

（4）标签纯化：标签纯化是亲和色谱的一种，是利用基因工程技术在蛋白质的氨基端或羧基端加入少许几个额外氨基酸，这个加入的标记可用来作为一个有效纯化的依据。

GST标签纯化：在蛋白质序列中加入谷胱甘肽S转移酶（GST），然后利用Glutathione Sepharose 4B作亲和配基进行纯化，纯化完成后利用凝血酶或因子Xa切掉GST。

His标签纯化：组氨酸标记（His-tag）是最通用的标记之一，在目标蛋白质的氨基端和/或羧基端加上6～10个组氨酸，借助His-tag能与Ni^{2+}紧密螯合的能力，将目标蛋白质结合于镍柱中，从而实现与杂蛋白的分离。用咪唑洗脱，或将pH降至5.9使组氨酸充分质子化，不再与Ni^{2+}结合，将目标蛋白质从镍柱中洗脱下来获得纯酶。

（5）疏水作用色谱：疏水作用色谱是利用盐-水体系中样品分子的疏水基团和色谱介质的疏水配基之间疏水力的不同而进行分离的一种色谱方法。该法利用了蛋白质的疏水性，蛋白质经变性处理或处于高盐环境下疏水残基会暴露于蛋白质表面，不同蛋白质疏水残基与固定相的疏水性配体之间的作用强弱不同，依次用从高至低离子强度的洗脱液可将疏水作用由弱至强的蛋白质组分依次分离。

（6）其他纯化方法：对于具有特殊性质的蛋白质，可以利用特殊的方法对其进行纯化，下面就一些蛋白质的特殊性质及纯化方法做介绍。

可逆性缔合：在某些溶液条件下，有一些酶能聚合成二聚体、四聚体等，而在另一种条件下则形成单体，如相继在这两种不同的条件下按大小就可以对酶进行分级分离。

热稳定性：大多数蛋白质加热到95℃时会解折叠或沉淀，利用这一性质，可容易地将耐高温蛋白即在高温条件下仍保持其可溶性活性的蛋白质从大部分其它细胞蛋白质中分离开。

蛋白酶解稳定性：用蛋白酶处理上清液消化杂蛋白，可以纯化得到具有蛋白酶解抗性的蛋白质。

溶解度：影响蛋白质溶解度的外界因素很多，如溶液的pH、离子强度、介电常数和温度等。在特定的外界条件下，不同的蛋白质具有不同的溶解度。可适当改变外界条件，控制蛋白质混合物中某一成分的溶解度从而使其从溶液中析出。

参考文献

[1] Liu N，Mao X Z，Yang M，et al. Gene cloning，expression and characterisation of a new β-agarase，AgWH50C，producing neoagarobiose from *Agarivorans gilvus* WH0801[J]. World Journal of Microbiology and Biotechnology，2014，30（6）：1691-1698.

[2] Zhao X，Fu X Y，Yuan X Y，et al. Development and characterization of a selective chromatographic approach to the rapid discovery of Ligands binding to muscarinic-3 acetylcholine receptor[J]. Journal of Chromatography A，2021，1653：462443.

[3] 金佳，江承程，毛相朝. α-琼胶酶OUC-GaJJ96的异源表达及酶学性质[J]. 食品科学技术学报，2020，38（6）：47-54.

实验 1-3
粗酶液蛋白质电泳检测

绝大多数酶都是蛋白质，我们生活中的鸡蛋、肉类、海产品等也都富含蛋白质。各种物质都有其分子量与纯度，蛋白质也不例外，明确蛋白质分子量的大小与蛋白质的纯度对于酶性质的研究至关重要。那么蛋白质的分子量有多大呢？实验中常用的蛋白质分子量检测方法是什么？蛋白质的纯度又怎样测定呢？

一、实验目的

（1）学习并掌握蛋白质电泳的操作技术。
（2）理解并表述SDS-PAGE测定蛋白质分子量的基本原理。

二、实验原理

蛋白质是两性电解质，在一定的pH条件下解离而带电荷。当溶液的pH大于蛋白质的等电点（pI）时，蛋白质本身带负电，在电场中将向正极移动；当溶液的pH小于蛋白质的等电点时，蛋白质带正电，在电场中将向负极移动。蛋白质在特定电场中移动的速度取决于其本身所带净电荷的多少、蛋白质颗粒的大小和分子形状、电场强度等[1]。

聚丙烯酰胺凝胶是由一定量的丙烯酰胺和双丙烯酰胺聚合而成的三维网孔结构。采用不连续凝胶系统，可制成不同孔径的两层凝胶，这样，当含有不同分子量的蛋白质溶液通过这两层凝胶时，受阻滞的程度不同而表现出不同的迁移率。上层胶（浓缩胶）和下层胶（分离胶）的缓冲体系不同：上层胶pH6.7 ~ 6.8，下层胶pH8.9。在pH6.8时，缓冲液中的Gly为尾随离子，而在pH8.9时，Gly的解离度增加，这样浓缩胶和分离胶之间pH的不连续性，控制了慢离子的解离度，进而达到控制其有效迁移率之目的。不同蛋白质具有不同的等电点，在进入分离胶后，各种蛋白质由于所带的静电荷不同，而有不同的迁移率。由于在聚丙烯酰胺凝胶电泳中存在的浓缩效应、分子筛效应及电荷效应，不同的蛋白质在同一电场中达到有效的分离。由于蛋白质在电泳过程中及结束后仍具有活性，这种聚丙烯酰胺凝胶电泳被称为活性电泳（native PAGE）。

聚丙烯酰胺凝胶为网状结构，具有分子筛效应。如果在聚丙烯酰胺凝胶中加入一定浓度的十二烷基硫酸钠（SDS），由于SDS带有大量的负电荷，且这种阴离子表面活性剂能使蛋白质变性，它能断裂分子内和分子间的氢键，使分子去折叠，破坏蛋白质分子的二、三级结构。而强还原剂如巯基乙醇、二硫苏糖醇能使半胱氨酸残基间的二硫键断裂。在样品和凝胶中加入还原剂和SDS后，分子被解聚成多肽链，解聚后的氨基酸侧链和SDS结合成蛋白质-SDS胶束，所带的负电荷大大超过了蛋白质原有的电荷量，这样就消除了不同分子间的电荷差异和结构差异。SDS多肽复合物的迁移率只与多肽的大小相关，蛋白质分子量愈小，在电场中移动得愈快，反之愈慢。借助已知分子量的标准参照物，可推算出多肽的分子量。这种加入SDS的聚丙烯酰胺凝胶电泳称为SDS-PAGE，如图1-3-1所示，SDS使得蛋白质发生变性，因此也称为变性电泳。

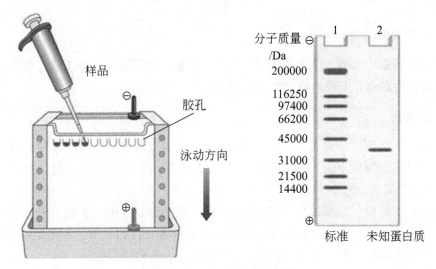

图1-3-1　SDS-PAGE示意图

三、实验器材

1.实验材料

（1）β-琼胶酶AgWH50B粗酶液。

（2）电泳缓冲液、脱色液、染色液。

（3）蛋白质凝胶制备试剂盒、20%乙醇、蛋白质上样缓冲液、彩虹180广谱蛋白标记。

2.实验仪器

（1）水浴锅：制样。

（2）电磁炉：用于样品的沸水浴。

（3）电泳仪、制胶板。

四、实验方法

1.电泳缓冲液、脱色液、染色液的配制

（1）SDS-PAGE电泳缓冲液配制：15.1g Tris+94g甘氨酸+5.0g SDS+800mL水溶解，定容至1L，常温保存。稀释5倍后使用。

（2）脱色液：50mL无水乙醇+100mL冰醋酸，用蒸馏水定容至1L。

（3）染色液：1g考马斯亮蓝R-250+250mL异丙醇+100mL冰醋酸，用蒸馏水定容至1L。

2.电泳槽组装

安装垂直电泳槽。注意安装前，胶条、玻板、槽子都要洁净干燥，勿用手接触灌胶面的玻璃，安装后检查是否有泄漏。

3.制胶

（1）下层胶（分离胶）：在小烧杯中加入下层胶溶液和下层胶缓冲液各4mL以及改良型促凝剂80μL，混匀后加入胶板之间并加入1mL 20%乙醇，37℃静置30min使胶凝固。

（2）上层胶（浓缩胶）：下层胶凝固后倒掉乙醇，并用吸水纸将残余水分吸干，在小烧杯中加入上层胶溶液和上层胶缓冲液各1mL以及改良型促凝剂20μL，混匀后加入胶板之间，并插上梳子，37℃静置30min使胶凝固。

4.样品处理

样品:上样缓冲液＝4∶1，沸水浴10min，离心。

5.上样与电泳

在点样孔内分别加入10μL蛋白质标记，15μL样品，先80V条件下电泳，待样品跑至分离胶后，升压至120V，电泳至样品跑到指示剂消失为止。

6.染色与脱色

（1）染色：将蛋白胶放入染色液中，加热至55℃，染色30min。

（2）脱色：将染好的蛋白胶置于脱色液中，多次更换脱色液，直至背景颜色脱净为止。

本实验流程如图1-3-2所示。

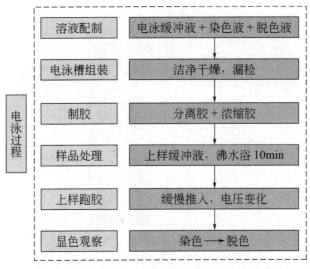

图 1-3-2　实验流程

五、实验报告

实验报告统一格式。

1.基本信息

课程名称				成绩	
姓名		学号		专业年级	
授课教师		时间		地点	
实验题目					
小组成员贡献度评价（各成员贡献度之和为100%）；小组共（　　）人					
姓名					
贡献度					

2.实验结果

实验报告中应包含如下结果：不同洗脱浓度样品条带，需在图中标明各样品与标记名称，如图1-3-3所示。

3.分析讨论

请根据你的蛋白质电泳结果分析该酶的分子量是多少，并与其他小组结果进行对比，分析结果产生差异的原因。实验中遇到了什么问题，你是怎么解决的？

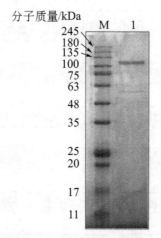

图 1-3-3　SDS-PAGE 结果示例

若尚未成功解决，请分析问题出现的原因，并提出相应的解决方案。根据实验过程，回答以下问题。

（1）蛋白质电泳操作时浓缩胶与分离胶各自的作用是什么，为什么要用不同电压？

（2）蛋白质电泳上样前样品为什么需要用上样缓冲液煮沸处理，原理是什么？

（3）你对本实验有什么建议？你还想进行哪些其他实验？

六、实验小结

术语：

电泳：带电颗粒在电场作用下，向着与其电性相反的电极移动，称为电泳（electrophoresis，EP）。利用带电粒子在电场中移动速度不同而达到分离目的的技术称为电泳技术[2]。

琼脂糖凝胶电泳：琼脂糖凝胶电泳是用琼脂糖作支持介质的一种电泳方法。对于分子量较大的样品，如大分子核酸、病毒等，一般可采用孔径较大的琼脂糖凝胶进行电泳分离[3]。

非变性聚丙烯酰胺凝胶电泳（native-PAGE）：也称活性电泳，是在不加入SDS、巯基乙醇等变性剂的条件下，对保持活性的蛋白质进行聚丙烯酰胺凝胶电泳，常用于同工酶的鉴定和提纯[4]。

十二烷基硫酸钠聚丙烯酰胺凝胶电泳（sodium dodecyl sulfate polyacryl-amide gel electrophoresis，SDS-PAGE）：是聚丙烯酰胺凝胶电泳中最常用的一种蛋白质表达分析技术。技术原理为根据样品中蛋白质分子量大小的不同，使其在电泳胶中分离。在大肠杆菌表达纯化外源蛋白质的实验中，SDS-PAGE更是必不可少的操作，其通常用于检测蛋白质的表达情况（表达量、表达分布），以及分析目的蛋白的纯度等[3]。

（1）玻璃板一定要洗干净，否则制胶时会有气泡。

（2）聚丙烯酰胺具有神经毒性，操作时注意安全，戴手套（胶凝以后，聚丙烯酰胺毒性降低）。

（3）凝胶的时间要严格控制好，一般37℃，30min左右即可凝固。

（4）点样时，如果孔比较多，尽量点在中央。（点在边上时，跑出的带是斜的。）

（5）点样前要排尽胶底部的气泡，防止干扰电泳。

（6）电泳结束后，取胶时，小心把玻璃板翘起（防止再次落下）。

（7）脱色时，尽量多次更换脱色液。刚开始每过半小时换一次，如此两次后可隔久一点更换。

（8）上样量不宜太高，蛋白质含量每个孔控制在10～50μg，一般＜15μL。

（9）制胶时，梳子须一次平稳插入，梳口处不得有气泡，梳底须水平。

（10）上样时，标记最好标在中间，边上的孔尽量不要上样。

（11）剥胶时要小心，保持胶完好无损，染色要充分。

七、应用总结

1.影响带电粒子在电场中泳动的因素

（1）生物分子的性质：待分离生物大分子所带电荷的多少、性质、分子大小和形状都会对电泳产生明显影响。

（2）缓冲液：缓冲液pH直接影响生物分子的解离程度和带电性质。溶液pH距离等电点愈远，生物分子所带净电荷就越多，电泳时速度就越快。当缓冲液pH大于等电点时，生物分子带负电荷，电泳时向正极移动；当缓冲液pH小于等电点时，生物分子带正电荷，电泳时向负极移动。

（3）电场强度：电场强度指每单位介质长度的电位梯度（又称电位差或电位降）。一般而言，电场强度越大，电泳速度越快。但电场强度的增大会引起通过介质的电流强度增大，从而造成电泳过程产生的热量增多，最终导致介质温度升高。降低电流强度，可以减少产热，但会延长电泳时间，引起生物分子扩散增加，同样影响分离效果。所以电泳实验中要选择适当的电场强度。

（4）电渗：液体在电场中对于固体支持介质的相对移动称为电渗。由于支持介质表面存在一些带电基团，如滤纸表面含有羧基，琼脂含有硫酸基等。这些基团电离后使支持介质表面带电，吸附一些带相反电荷的离子在电场作用下向电极方向移动，形成介质表面溶液的流动。当电渗方向与电泳方向相同时则加快电泳速度；当电渗方向与电泳方向相反时，则降低电泳速度。

（5）支持介质的筛孔：支持介质的筛孔大小对生物大分子的电泳迁移速度有明显的影响。在筛孔大的介质中泳动速度快，反之则泳动速度慢。

2.电泳技术的分类

（1）根据电泳中是否使用支持介质分为自由电泳和区带电泳：自由电泳不使用支持介质，电泳在溶液中进行；区带电泳需使用支持介质，根据支持介质不同可分为醋酸纤维素薄膜电泳、薄层电泳和凝胶电泳等。根据支持介质的装置形式不同又可分为水平板式电泳、垂直板式电泳、垂直盘状电泳、毛细管电泳等。

（2）根据电泳时电压的高低分为高压电泳和常压电泳：高压电泳使用的电压在 500 ～ 1000V，这类电泳分离速度快，但热效应较大，必须具备冷却装置，主要适用于小分子化合物的快速分离；常压电泳使用的电压在 500V 以下，电位梯度为 2 ～ 10V/cm。这类电泳的分离速度较慢，但电泳设备比较简单。

（3）根据电泳系统 pH 是否连续分为连续 pH 电泳和不连续 pH 电泳：连续 pH 电泳是指电泳全过程中 pH 保持不变；不连续 pH 电泳是指电极缓冲液和电泳支持介质中的 pH 不同，甚至电泳支持介质不同区段的 pH 也不相同，如聚丙烯酰胺凝胶电泳。

（4）根据工作目的和分离样品的数量多少分为分析电泳和制备电泳。

（5）根据结合配套的技术种类不同分为免疫电泳、色谱电泳、等电聚焦电泳、转移电泳、双相电泳、脉冲梯度电场凝胶电泳和相互垂直交替电场凝胶电泳等。

（6）根据电泳物质类别不同分为细胞电泳、核酸电泳、蛋白质电泳等。

3.实验中常见的蛋白质电泳方法

（1）纸电泳：指用滤纸作为支持载体的电泳方法，是最早使用的区带电泳。将滤纸条水平地架设在两个装有缓冲溶液的容器之间，样品点于滤纸中央。当滤纸条被缓冲液润湿后，再盖上绝缘密封罩，即可由电泳电源输入直流电压（100 ～ 1000V）进行电泳。

（2）醋酸纤维素薄膜电泳：电泳时经过膜的预处理、加样、电泳、染色、脱色与透明即可得到满意的分离效果。此电泳技术的特点是分离速度快、电泳时间短、样品用量少。因此特别适合于病理情况下微量异常蛋白质的检测。

（3）凝胶电泳：中区带电泳中派生出的一种用凝胶物质作支持物进行电泳的方法。凝胶电泳中的琼脂糖凝胶电泳和聚丙烯酰胺凝胶电泳是普通电泳中应用最多的两种形式。目前，这种办法被广泛用来分析蛋白质和核酸。

（4）等电聚焦电泳：一种利用有pH梯度的介质分离等电点不同的蛋白质的电泳技术。在一个稳定连续的线性pH梯度的溶液（两性载体电解质）中进行分离，每一种被分离的两性物质都移向与它的等电点相一致的pH位置，在那里不再移动（称为聚焦）。使用两性载体电解质，在电极之间形成稳定、连续、线性的pH梯度；由于"聚焦效应"，即使很小的样品也能获得清晰、鲜明的区带界面；电泳速度快分辨率高。等电聚焦电泳加入样品的位置可任意选择，可用于测定蛋白质类物质的等电点；适用于中、大分子量（如蛋白质、肽类、同工酶等）生物组分的分离分析。

（5）等速电泳：采用两种不同浓度的电解质，一种为前导电解质，充满整个毛细管柱；另一种为尾随电解质，置于一端的电泳槽中。前导电解质的迁移率高于任何样品组分，尾随电解质的迁移率则低于任何样品组分，被分离的组分按其不同的迁移率夹在中间，在强电场的作用下，各个被分离组分在前导电解质与尾随电解质之间的空隙中移动，实现分离。

（6）双向凝胶电泳（二维电泳）：第一向采用等电聚焦，根据复杂的蛋白质成分中各个蛋白质的等电点的不同，将蛋白质进行分离。第二向采用了十二烷基硫酸钠-聚丙烯酰胺凝胶电泳（SDS-PAGE），按蛋白质分子量的大小使其在垂直方向进行分离。其结果不再是条带状，而是呈现为斑点状。

（7）免疫电泳：免疫电泳试验是凝胶电泳与双向免疫扩散相结合的免疫化学技术。应用琼脂进行免疫电泳试验可分为以下两个步骤。

① 琼脂电泳。将待检的可溶性物质在琼脂板上进行电泳分离，由于各种可溶性蛋白质分子的颗粒大小、质量与所带电荷不同，在电场的作用下，其带电分子的运动速度（迁移率）具有一定规律，因此通过电泳能够把混合物中的各种不同成分分离开来。

② 琼脂扩散。当电泳完毕后，在琼脂板一端挖一条长的槽，加入相应抗血清，置湿盒内让其进行双向扩散。在琼脂板中抗原和抗体互相扩散，当两者相遇且比例适合时，可形成不溶性抗原抗体复合物，出现乳白色的特异性沉淀弧线。

参考文献

[1] 王镜岩，朱圣庚，徐长法.生物化学（上册）：第三版.[M].北京：高等教育出版社，2002.

[2] 郭尧君.蛋白质电泳实验技术[M].北京：科学出版社，1999.

[3] 罗超权，余新炳，王昌才.英汉生物化学与分子医学词典[M].北京：中国医药科技出版社，2004.

[4] 崔宜庆，潘先海，沈行良.汉英流行病学词典[M].济南：山东科学技术出版社，2008.

酶最适反应温度的测定

北极熊在冰天雪地环境中能够茁壮成长，热带鱼在20℃以上才能在水里自由自在地游。对于动物来说，温度过高或者过低都会让肌体感到不适。大多数的生物都需要在适宜的环境条件下才能发挥其最佳性能。那么对于酶来说，需要怎样的环境呢？酶对于温度的变化是否敏感呢？温度是否会影响酶发挥作用呢？

一、实验目的

（1）理解并描述酶最适反应温度的测定原理。
（2）掌握酶最适反应温度的测定方法。
（3）掌握应用实验数据推断温度对酶活的影响规律的方法。

二、实验原理

温度对酶的影响具有双重作用。一方面，温度加快酶促反应的速度，在适宜的温度范围内，温度每升高10℃，酶促反应速度可以相应提高1～2倍；另一方面，酶的化学本质是蛋白质，温度升高会引起酶蛋白的变性，并且酶不能再恢复活性。因此，在较低温度范围内，酶促反应速度随温度升高而增大，超过一定温度后，反应速度下降[1]。酶促反应速度达到最大值时的温度称为酶促反应的最适温度。

如果知道某种酶的最适温度，就可以在该温度下进行酶催化反应，让该酶更好地发挥催化作用，因此，测定酶的最适温度具有重要意义。常见的酶，如动物组织中各种酶的最适温度为37～40℃；微生物细胞内各种酶的最适温度为25～60℃。

在实验中，如果保持除温度以外的其他环境条件不变，而在一系列变化的温度下测定酶活力，以温度为横坐标，OD_{540} 为纵坐标，绘图后可得到一条温度-酶活力曲线，由图观察，从中即可求得酶的最适反应温度。

三、实验器材

1. 实验材料

（1）β-琼胶酶 AgWH50B 粗酶液。

（2）DNS 试剂。

（3）低熔点琼脂糖。

2. 实验仪器

（1）水浴锅：用于控制反应温度。

（2）电磁炉：用于样品进行沸水浴，结束酶解反应以及使 DNS 显色。

（3）电子天平：称量琼脂糖，用于配制琼脂糖溶液。

（4）EP 管：装溶液等。

（5）移液枪：定量移取液体。

（6）酶标仪：测定吸光度，即 OD 值。

（7）96 孔板：测吸光度所需要的器皿。

四、实验方法

1. 制备样品

配制 0.19mL 0.3% 琼脂糖溶液，分别在 20℃、30℃、40℃、50℃和 60℃水浴中温育 10min，加入 0.01mL 粗酶液，振荡混匀。

2. 在不同温度下反应

将混匀的反应体系分别置于 20℃、30℃、40℃、50℃和 60℃水浴中反应 30min。

3. 终止反应

反应结束沸水浴 5min，迅速冷却至室温。

4. 测定还原糖含量

加入 0.30mL DNS 试剂，沸水浴 5min，冷水冷却，吸取 200μL 样品于 96 孔板，在酶标仪中测定 540nm 处吸光度，根据 D-半乳糖标准曲线计算反应液还原糖含量，计算粗酶液的酶活。

5. 作图并推断最适温度

以温度为横坐标，以酶活为纵坐标作图，得到温度与酶活性的关系曲线。

本实验流程如图1-4-1所示。

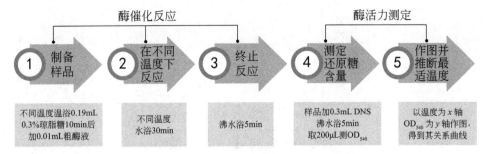

图 1-4-1　实验流程

五、实验报告

实验报告统一格式。

1.基本信息

课程名称			成绩	
姓名	学号		专业年级	
授课教师	时间		地点	
实验题目				
小组成员贡献度评价（各成员贡献度之和为100%）；小组共（　　　）人				
姓名				
贡献度				

2.实验结果

实验报告中应包含如下内容。

（1）不同温度下测出的OD_{540}原始数据。

温度/℃	20	30	40	50	60
平行一					
平行二					
平行三					

（2）请用上述数据作图，本实验中可能出现的趋势结果示例如图1-4-2。但需要注明实验时的具体温度和具体酶促反应速率。

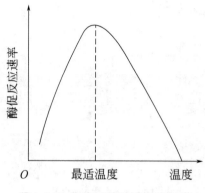

图 1-4-2　温度对酶促反应的影响

3.分析讨论

（1）根据所作出的温度对酶促反应的影响的图，判断该酶在什么温度条件下反应速度最高，即 β-琼胶酶的最适温度。

（2）实验中遇到了什么问题，你是怎么解决的？若尚未成功解决，请分析原因。

（3）和其他小组的实验结果相比，你们小组的实验结果是否准确？试述缘由。

六、实验小结

> **术语：**
>
> 　　蛋白质变性：物理或化学因素导致蛋白质分子内部结构由有序变为无序状态，使蛋白质原有的理化性质和生物学活性丧失。外界因素，如：高温、加压、射线、酸碱、有机溶剂和重金属盐都能使蛋白质变性，因此，为防止蛋白质变性，蛋白类激素、抗血清、酶等通常需低温避光保存[2]。
>
> 　　酶催化反应：又称酶促反应（enzyme catalysis），指的是由酶作为催化剂进行催化的生物化学反应。生物体内的化学反应绝大多数属于酶促反应[3]。
>
> 　　还原糖：是指因含有醛基或潜在醛基，能还原斐林试剂（Fehling's reagent）或本尼迪特试剂（Benedict's reagent）中某些无机离子生成脒的糖类。还原糖主要有葡萄糖、果糖、半乳糖、乳糖、麦芽糖等。

（1）反应时建议首先将琼脂糖溶液在 40℃ 预热 5min，然后加入粗酶液后开始计时，这样可最大程度保证反应在设定的温度条件下进行。

（2）每组取样点的反应样品做3个平行，并注意做好标记。

（3）用完DNS试剂要注意放回4℃冰箱。

（4）加样前，可以提前把水浴锅调至所需温度，从而节约时间。

七、应用总结

1.选取 OD_{540} 的原因

在NaOH和丙三醇存在下，3,5-二硝基水杨酸（DNS）与还原糖[4]共热后被还原生成氨基化合物。在过量的NaOH碱性溶液中此化合物呈橘红色，在540nm波长处有最大吸收，在一定的浓度范围内，还原糖的量与光吸收值呈线性关系，利用比色法可测定样品中的含糖量。

2.琼胶酶的来源

在自然环境中，琼胶酶的分布比较广泛，很多微生物和一些海洋软体动物都能产生琼胶酶。目前，研究者所研究的琼胶酶大部分来自海洋细菌。据报道，海洋细菌中的琼胶降解菌是目前产生琼胶酶最多的一类微生物。已报道的琼胶降解菌在海洋动植物表面、海水及海洋沉积物中均有分布。

目前已知的琼胶降解菌主要来自几个菌属，包括 *Vibrio*（弧菌属）、*Pseudomonas*（假单胞菌属）、*Pseudoalteromonas*（假交替单胞菌属）、*Alteromonas*（交替单胞菌属）、*Agarivorans*（噬琼脂菌属）、*Saccharophagus*（噬糖菌属）、*Microscilla*（微颤菌属）和 *Pseudozobellia*（假卓贝尔氏菌属）等。另外，从土壤和淡水中也发现了一些能够产生琼胶酶的细菌，如 *Cellvibrio*（纤维弧菌属）、*Acinetobacter*（不动杆菌属）、*Bacillus*（芽孢杆菌属）、*Cytophaga*（噬细胞菌属）等[5]。

------------------------------ **拓展阅读** ------------------------------

高波，中国科学院理化技术研究所研究员，建立了国际首套5～24.5K温区定压气体折射率基准测温系统，使得热力学温度测量结果优于国际最高水平。

很多特殊的物理现象会在极低温区出现。然而在过去的很长时间内，我国仅有不到10支濒临老化的极低温区标准温度计，限制了我国在这一科技领域的发展。同时我国在极低温区只有标准，没有基准，只能到国外校准，主动权还在别人手里。2020年，国际温度咨询委员会向全球征集温标数据，我国想要在未来拥有更多的话语权，就需要更快、更准地建立基准级测温装置。

这是一次难得的历史机遇也是一个挑战。早在20世纪80年代初期，毛玉柱、洪朝生等科学家就开始了我国最早的低温温度计量工作。中国科学院理化技术研究所正高级工程师高波下定决心一定要攻坚克难，2020年，她带领的国际研究团队原创性地提出了"定压气体折射率基准测温原理"，并建成了极低温区基准级测温装置。高波激动地说："在–268.15 ～ –248.65℃温区，我国建成的首套基准级测温装置，准确度和测量速度均为世界第一。"在全球温标数据征集的时间节点前交出了"中国答卷"。

极低温区基准级测温装置不仅填补了我国在温度计量领域的空白，同时其方法已被国际温度咨询委员会收录，获得了国际官方认可。这套装置也成了极低温区测温装置的世界级"标杆"。

多年来高波几乎全年无休地高强度工作，但她略显单薄的身体中，似乎蕴藏着巨大的能量。高波表示，下一步，他们的目标是"继续向下"，迈入更低温区，构建新国际单位制下更低温区的基准级测温装置和测温体系，为国家建设世界一流水平的科学中心提供支撑。

参考文献

[1] Arcus V L，Prentice E J，Hobbs J K，et al. On the temperature dependence of enzyme-catalyzed rates[J]. Biochemistry，2016，55（12）：1681-1688.

[2] 徐国恒. 蛋白质的变性[J]. 生物学通报，2010，45（4）：23.

[3] Arcus V L，Mulholland A J. Temperature，dynamics，and enzyme-catalyzed reaction rates[J]. Annual Review of Biophysics，2020，49：163-180.

[4] 廖祥兵，陈晓明，肖伟，等. DNS法定量测定还原糖的波长选择[J]. 中国农学通报，2017，33（15）：144-149.

[5] Karwatka D. Gabriel fahrenheit and anders celsius and their temperature scales[J]. Technology Directions，2017，77（4）：10-11.

实验 1-5
酶最适反应pH的测定

酶具有高效率的催化能力，同时其要求的作用条件较温和。人若想保持健康，其体液pH也必须维持在一定的范围内。pH的变化是否会对酶的性能造成影响呢？ pH对酶的影响会不会和温度类似呢？

一、实验目的

（1）理解并描述酶最适反应pH的测定原理。
（2）掌握酶最适反应pH的测定方法。
（3）学会推断并描述pH影响酶催化反应的规律。

二、实验原理

酶蛋白是两性电解质，具有许多可解离基团，在不同的酸碱环境中这些基团的解离状态不同，所带电荷不同，而它们的解离状态对保持酶的结构、底物与酶的结合能力以及催化能力都有重要作用，因此pH值对酶反应速度有显著影响。每一种酶都有一个特定的最适反应pH值，在此pH值下酶反应速度最快，而在此pH值两侧酶反应速度都会受到影响而放缓[1]。表现酶最大活性的pH值即为该酶的最适pH值。同时，对于不同的酶其最适pH值不同。

pH与酶活性关系的测定是在其他条件（如底物浓度、酶浓度、反应温度等）不变的情况下，在一系列变化的pH环境中进行酶反应初速度测定，其图形一般为钟形曲线[2]。

三、实验器材

1.实验材料

（1）β-琼胶酶AgWH50B粗酶液。
（2）DNS试剂。
（3）缓冲液：柠檬酸-柠檬酸钠缓冲液、Na_2HPO_4-NaH_2PO_4缓冲液、甘氨酸-NaOH缓冲液。
（4）低熔点琼脂糖。

2.实验仪器

（1）水浴锅：用于控制反应温度。

（2）电磁炉：用于样品沸水浴，结束酶解反应以及使DNS显色。

（3）电子天平：称量琼脂糖，用于配制琼脂糖溶液。

（4）EP管：装溶液等。

（5）移液枪：定量移取液体。

（6）酶标仪：测定吸光度，即OD值。

（7）96孔板：测吸光度所需要的器皿。

四、实验方法

1.配制缓冲溶液

（1）50mmol/L柠檬酸-柠檬酸钠缓冲液（pH5、pH6）

配制50mmol/L的柠檬酸（化学式为$C_6H_8O_7$，分子量为192.13）溶液；配制50mmol/L的柠檬酸钠（化学式为$C_6H_5O_7Na_3$，分子量为258.07）溶液。将柠檬酸钠溶液倒入柠檬酸溶液调pH至5（柠檬酸与柠檬酸钠体积比约为8.2∶11.8）；配制pH6的缓冲液同理（柠檬酸与柠檬酸钠体积比约为3.8∶16.2）。

（2）50mmol/L Na_2HPO_4-NaH_2PO_4缓冲液（pH7、pH8）

配制50mmol/L的Na_2HPO_4（分子量为141.96）溶液；配制50mmol/L的NaH_2PO_4（分子量为119.96）溶液。将NaH_2PO_4溶液倒入Na_2HPO_4，调pH至7（Na_2HPO_4与NaH_2PO_4体积比约为38∶62）；配制pH8的缓冲液同理（Na_2HPO_4与NaH_2PO_4体积比约为5.3∶94.7）。

（3）50mmol/L甘氨酸-NaOH缓冲液（pH9、pH10）

配制50mmol/L的甘氨酸（化学式为$C_2H_5NO_2$，分子量为75.07）溶液；配制50mmol/L的NaOH（分子量为40.00）溶液。将甘氨酸溶液倒入NaOH，调pH至9（甘氨酸与NaOH体积比约为50∶8.8）；配制pH10的缓冲液同理（甘氨酸与NaOH体积比约为50∶32）。

2.制样

取粗酶液0.01mL，加入分别使用pH5、pH6、pH7、pH8、pH9、pH10缓冲液配制的0.19mL 0.3%低熔点琼脂糖溶液，振荡混匀。

3.不同pH下的酶催化反应

将混匀的反应体系分别置40℃水浴中反应30min。

4.终止反应

反应结束沸水浴5min，迅速冷却至室温。

5.检测还原糖含量

加入0.3mL DNS试剂，沸水浴5min，冷水冷却，吸取200μL样品于96孔板，在酶标仪中测定540nm处吸光度，根据D-半乳糖标准曲线测定反应液还原糖含量，计算粗酶液的酶活。

6.作图

以pH为横坐标，以酶活为纵坐标作图，得到温度与酶活性的关系曲线。

本实验流程如图1-5-1所示。

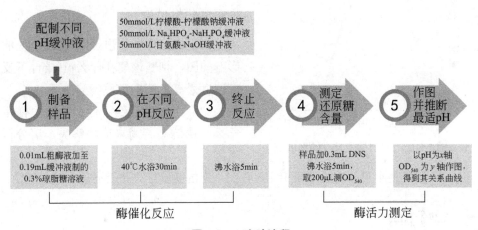

图1-5-1　实验流程

五、实验报告

实验报告统一格式。

1.基本信息

课程名称				成绩	
姓名		学号		专业年级	
授课教师		时间		地点	
实验题目					
小组成员贡献度评价（各成员贡献度之和为100%）；小组共（　　　）人					
姓名					
贡献度					

2.实验结果

实验报告中应包含如下内容。

（1）不同pH下测出的OD_{540}原始数据。

pH	5	6	7	8	9	10
平行一						
平行二						
平行三						

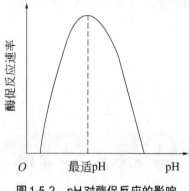

图1-5-2 pH对酶促反应的影响

（2）请用上述数据作图，本实验中可能出现的结果示例如图1-5-2。

3.分析讨论

（1）根据你所作出pH对酶促反应的影响的图，判断该酶在什么pH条件下反应速度最高，即β-琼胶酶的最适pH。

（2）实验中遇到了什么问题，你是怎么解决的？若尚未成功解决，请分析原因。

（3）和其他小组的实验结果相比，你们小组的实验结果是否准确？试述缘由。

六、实验小结

术语：

pH：由丹麦生物化学家S.P.L.索伦森（Soren Peter Lauritz Sorensen）在1909年提出，符号p来自德语potenz，意思是"浓度"；H代表氢离子（hydrogen ion）。pH即氢离子浓度（hydrogen ion concentration）指数，是指溶液中氢离子的总数和总物质的量的比，也就是通常意义上水溶液酸碱程度的衡量标准[3]。

两性电解质：是同时带有可解离为负电荷和正电荷基团的电解质。两性电解质通常为两性元素的氧化物的水合物、氨基酸等[4]。

缓冲溶液：是能够对抗外来少量强酸、强碱或稀释而保持溶液pH值不发生明显改变的溶液。缓冲溶液通常由弱酸及其共轭碱或弱碱及其共轭酸组成，称为缓冲对。在分析测定中均由缓冲溶液来使试液的pH保持恒定，以保证测定的顺利进行并获得准确的分析结果[5]。

（1）测pH前要先将pH仪用标准溶液做好定位和斜率。配酸性缓冲液用酸性的标准液定斜率，同理碱性缓冲液用碱性的标准液定斜率。

（2）在配制Na_2HPO_4-NaH_2PO_4缓冲液调pH时，相较于其他缓冲液要更久，请在接近目的pH附近耐心加溶液。

（3）在实验过程中，尽量将头发束起及避免皮肤直接触碰试剂。

（4）540nm处的吸光度即OD_{540}，测定后要及时记录，防止遗忘混淆。

七、应用总结

1. pH试纸随pH变化而变色的原理

pH试纸上有甲基红、溴甲酚绿、百里酚蓝这三种指示剂。甲基红、溴甲酚绿、百里酚蓝和酚酞一样，在不同pH的溶液中均会按一定规律变色。甲基红的变色范围是pH4.4（红）～ 6.2（黄），溴甲酚绿的变色范围是pH3.6（黄）～ 5.4（绿），百里酚蓝的变色范围是pH6.7（黄）～ 7.5（蓝）。用定量甲基红加定量溴甲酚绿加定量百里酚蓝的混合指示剂浸渍中性白色试纸，晾干后制得的pH试纸可用于测定溶液的pH便不难理解了。

2. 琼寡糖和新琼寡糖的区别

琼胶寡糖是琼胶多糖经水解后聚合度为2 ～ 20的新型的海洋功能性低聚糖，主要由琼二糖的重复单位连接而成，包括琼寡糖（agaroligo saccharides）和新琼寡糖（neoagarooligo saccharides）两个系列，琼寡糖以3,6-内醚-α-L-半乳糖残基为非还原性末端，新琼寡糖以β-D-半乳糖残基为非还原性末端。

3. 研究琼胶酶的意义

琼胶寡糖因在抗炎、抗氧化、抗病毒、抗癌、抑菌等众多方面具有生理活性而备受关注。然而，作为一种天然多糖，琼胶的分子量大、黏度高、溶解性低，因此难以被人体分解吸收，不能发挥琼胶寡糖的生理活性。因此，降解琼胶制备能够被人体直接吸收的琼胶寡糖，就成为一个极为有意义的研究。目前，生产琼胶寡糖所采用的主要方法有化学法和酶降解法。但是，化学法降解速度慢，操作复杂，降解产物不均一，难以纯化，而且水解产物容易被破坏，不利于产物的分析和回收，大大限制了琼胶寡糖的制备利用。然而，利用酶解法生产琼胶寡糖，具有催化效率高、反应条件温和且易于控制、设备简易、产物不易被破坏且均一并易于回收等优点。

pH于1909年由丹麦化学家S. P. L.索伦森（1868—1939）提出。当时索伦森在嘉士伯啤酒酿造工业实验室工作，他经常要化验的啤酒中所含的氢离子浓度都比1要小得多，每次化验结果都要记载许多个零，这使他感到很麻烦。他发觉如果用10的负幂的形式就会显得很复杂，用氢离子的指数来表征就简单得多。为了工作的方便和表达上的简洁，索伦森创造了一个表示酸碱度极其方便的科学术语"pH"[6]。

pH的表述一发表就引起了广泛关注，但并非所有人对他的提议感到满意，各式各样的变形随之而来，包括PH+、Ph等。随着时间推移，用pH来表示溶液中氢离子浓度的变化还是得到了公认。科斯比曾评价道"我很怀念有一次和他在实验室的见面交流。他和蔼可亲，彬彬有礼，很愿意倾听初出茅庐、学问不足的年轻人的观点，并愿意和年轻人来分享他那渊博的知识。"

索伦森观察细心、为人谦虚，使他在科学研究领域一路向前。钟南山院士的《科学研究应当崇尚的五点精神》[6]中提出了"科技工作者应该热爱祖国、崇尚科学、崇尚创新、崇尚诚实、崇尚协作"的五点精神，为我国科技工作者指明了方向，是科研工作者从事科学研究工作务须具备的核心精神。你认为科研中还需要怎样的精神呢？

参考文献

[1] Talley K，Alexov E. On the pH-optimum of activity and stability of proteins. Proteins[J]. 2010，78（12）：2699-2706.

[2] Huang K，Zhang S，Guan X，et al. Thermostable arginase from *Sulfobacillus acidophilus* with neutral pH optimum applied for high-efficiency L-ornithine production[J]. Applied Microbiology Biotechnology，2020，104（15）：6635-6646.

[3] 杨承印，何亚萍.索伦森与pH[J].化学教育，2021，42（19），106-109.

[4] 全国科学技术名词审定委员会.生物化学与分子生物学名词[M].北京：科学出版社，2009.

[5] 王翔朴，王营通，李珏声.卫生学大辞典[M].青岛：青岛出版社，2000：321.

[6] 钟南山.科学研究应当崇尚的五点精神[J].中国实用内科杂志，2010，30（05）：389-391.

实验 1-6

酶的米氏常数测定

在20世纪初期，实验中发现了酶被其底物所饱和的现象，而这种现象在非酶促反应中，则是不存在的，这一发现引起了许多科学家的好奇。1913年前后Michaelis和Menten进行了大量的定量研究，以大量的实验材料为依据，从酶被底物饱和的现象出发，以酶促反应含有中间产物为设想，提出了酶促反应动力学的基本原理，并归纳为一个数学表达式，后来被称为米氏方程（Michaelis-Menten equation）[1]。

一、实验目的

（1）理解并描述底物浓度对酶促反应的影响。
（2）掌握测定米氏常数 K_m 的原理和方法。
（3）学会分析并描述 β-琼胶酶的亲和力。

二、实验原理

米氏方程的本质反映了酶促反应初始速率与底物浓度的关系。根据中间产物设想，对于最简单的情况：酶（E）与底物（S）可逆结合形成酶-底物复合体（ES），其结合速率为 k_1，解离速率为 k_{-1}。而ES复合物则以 k_2 的催化速率转化为产物[2]。

上述关系可表达成：

$$E+S \underset{k_{-1}}{\overset{k_1}{\rightleftharpoons}} ES \overset{k_2}{\longrightarrow} E+P$$

酶促反应速率变形为式（1）：

$$v=k_2[ES] \tag{1}$$

同时，总酶浓度（$[E]_t$）是游离酶浓度（$[E]$）与酶-底物复合体的浓度（$[ES]$）之和，即式（2）：

$$[E]_t=[E]+[ES] \tag{2}$$

式（3）可由式（1）除以式（2）得到：

$$\frac{v}{[E]_t}=\frac{k_2[ES]}{[E]+[ES]} \tag{3}$$

当催化速率k_2较大时，ES复合物一旦生成将很快转化。此时可以近似认为ES维持在较低浓度状态并保持基本不变。故而使用物理化学动力学中经典的稳态假设，即ES的生成（F）与消除（R）达到动态平衡，即式（4）：

$$v_{[ES]F}=k_1[E][S]$$

$$v_{[ES]R}=k_{-1}[ES]+k_2[ES]=(k_{-1}+k_2)[ES] \tag{4}$$

经典稳态下，ES的生成速率与分解速率相等，整理得式（5）：

$$[ES]=\frac{k_1[E][S]}{k_{-1}+k_2} \tag{5}$$

以k_m表示k_1、k_2、k_{-1}，3个常数的关系，

$$K_m=\frac{k_{-1}+k_2}{k_1} \tag{6}$$

同时，将式（6）代入式（5）：

$$[ES]=\frac{[S]}{K_m}[E] \tag{7}$$

将式（7）代入式（3），可得式（8）：

$$v=[E]_t\frac{k_2[ES]}{[E]+[ES]}=\frac{k_2[E]_t[S]}{K_m+[S]} \tag{8}$$

由于反应系统中$[S]\gg[E]_t$，当$[S]$很高时所有的酶都被底物所饱和形成ES，即$[E]_t=[ES]$，酶促反应达到最大速率v_{max}，则

$$v_{max}=k_2[ES]=k_2[E]_t \tag{9}$$

将式（9）代入式（8），即得：

$$v=\frac{v_{max}[S]}{K_m+[S]} \tag{10}$$

式中，v为在一定底物浓度$[S]$时的反应速率，$\mu mol/min$；v_{max}为底物浓度饱和时的最大反应速率，$\mu mol/min$；$[S]$为底物浓度，mol/L；K_m为米氏常数，mol/L。

此方程反映了当已知K_m及v_{max}时，酶反应速率与底物浓度之间的定量关系。其中，K_m为米氏常数，代表酶促反应达最大速率（v_{max}）一半时的底物（S）的浓度，即当$v=v_{max}/2$时，$[S]=K_m$，单位为mol/L。

K_m是酶极为重要的动力学参数，是酶的特性常数之一，可近似地反映酶与底物的亲和力大小。K_m在酶学和代谢研究中均为重要特征数据[3]。不同的酶K_m不同，K_m越大，表明亲和力越小；反之K_m越小，表明亲和力越大。大多数纯酶的K_m在$10^{-6}\sim10^{-1}mol/L$之间。同一种酶与不同底物反应K_m也不同。同一种酶如

果有几种底物，就有几个K_m，其中K_m最小的底物一般称为该酶的最适底物或天然底物。不同的底物有不同的K_m，这说明同一种酶对不同底物的亲和力不同。

求K_m值常用双倒数法作图，即林-贝氏（Lineweaver-Burk）方程：

$$\frac{1}{v} = \frac{K_m}{v_{max}} \cdot \frac{1}{[S]} + \frac{1}{v_{max}}$$

$1/v$对$1/[S]$作图可得一条曲线，其斜率为K_m/v_{max}，截距为$1/v_{max}$。若将直线延长与横轴相交，则该交点在数值上等于$-1/K_m$。本实验采用最适pH、最适温度下，测定不同浓度时酶活性的方法。再根据林-贝氏法作图求出K_m值。

三、实验器材

1. 实验材料

（1）β-琼胶酶AgWH50B粗酶液。

（2）DNS试剂。

（3）50mmol/L Na_2HPO_4-NaH_2PO_4缓冲液（pH7、pH8）。

（4）低熔点琼脂糖。

2. 实验仪器

（1）电子天平。

（2）恒温水浴锅。

（3）锥形瓶（100mL）。

（4）移液枪。

（5）酶标仪。

（6）96孔板。

四、实验方法

1. 制样

用50mmol/L pH8的Na_2HPO_4-NaH_2PO_4缓冲液配制浓度分别为0.01%、0.02%、0.04%、0.06%、0.08%、0.1%、0.2%、0.4%、0.6%、0.8%和1.0%的低熔点琼脂糖底物溶液。

2. 在不同底物浓度下反应

取0.19mL底物溶液于40℃温育10min后，分别加入已温育好的0.01mL β-琼胶酶 AgWH50B 粗酶液。

3.终止反应

反应混合物保温10min后，沸水浴5min终止反应。

4.测定还原糖含量

加入0.3mL DNS试剂，迅速振荡均匀。将各底物浓度的试管沸水浴5min，冷水冷却后，在540nm处读取OD值。

5.绘制曲线

作图分析，以$1/v$对$1/[S]$作一条曲线，并用图解法求得K_m和v_{max}。

本实验流程如图1-6-1所示。

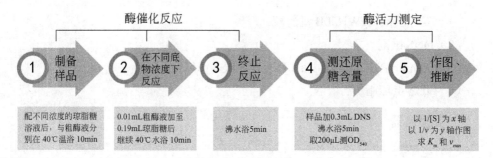

图1-6-1　实验流程

五、实验报告

实验报告统一格式。

1.基本信息

课程名称			成绩	
姓名		学号		专业年级
授课教师		时间		地点
实验题目				
小组成员贡献度评价（各成员贡献度之和为100%）；小组共（　　　）人				
姓名				
贡献度				

2.实验结果

实验报告中应包含如下内容。

（1）不同底物浓度下测出的 OD_{540} 原始数据。计算得到的 $1/v$、$1/[S]$ 数据。

底物浓度	实验结果			底物浓度	实验结果		
	OD_{540}	$1/v$	$1/[S]$		OD_{540}	$1/v$	$1/[S]$
0.01%				0.20%			
0.02%				0.40%			
0.04%				0.60%			
0.06%				0.80%			
0.08%				1.00%			
0.10%							

（2）请用上述数据作图，本实验中可能出现的结果示例如图1-6-2所示。

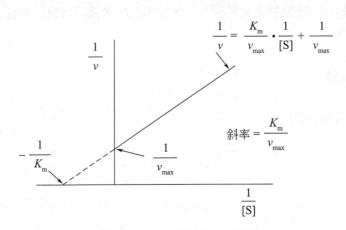

$$\frac{1}{v} = \frac{K_m}{v_{max}} \cdot \frac{1}{[S]} + \frac{1}{v_{max}}$$

斜率 $= \dfrac{K_m}{v_{max}}$

图1-6-2　双倒数作图结果示例

3.分析讨论

（1）根据你所作出的双倒数图的相关数据，计算出 β-琼胶酶的 K_m 和 v_{max} 的数值，并根据其他酶的 K_m 值比对，讨论该酶的亲和力强弱。

（2）实验中遇到了什么问题，你是怎么解决的？若尚未成功解决，请分析原因。

（3）和其他小组的实验结果相比，你们小组的实验结果是否存在偏差？试述缘由。

六、实验小结

　　（1）做实验前应当熟悉实验原理，明白实验流程再进行操作，务必遵守操作流程进行实验，勿自行改变实验流程。

　　（2）在制备琼脂糖样品加热时，一定要将其加热至澄清透明并且充分混匀后再进行后续操作。

七、应用总结

1. Hanes作图法

$$\frac{[S]}{v} = \frac{1}{v_{max}}[S] + \frac{K_m}{v_{max}}$$

上式称为Hanes方程式，也是直线方程式。用$[S]/v$对$[S]$作图，所得直线的斜率为$1/v_{max}$，$[S]/v$轴上的截距为K_m/v_{max}，而$[S]$轴上的截距为$-K_m$。

Hanes法的优点为数据点在坐标图中的分布较平坦，但因$[S]/v$包含两个变数，增大了误差，且统计处理也复杂得多。

2. 常用的科研绘图软件

Origin6.0是简单易学、操作灵活、功能丰富全面的科学绘图、数据分析软件，由OriginLab公司开发，支持在Microsoft Windows下运行。Origin支持各种各样的2D/3D图形。Origin中的数据分析功能包括统计、信号处理、曲线拟合以及峰值分析。Origin拥有强大的数据导入功能，支持多种格式的数据。Origin既可以满足一般用户的制图需要，也可以满足高级用户数据分析、函数拟合的需要[6]。

参考文献

[1] Michaelis L，Menten M L，Johnson K A，et al. The original Michaelis constant：translation of the 1913 Michaelis-Menten paper[J]. Biochemistry，2011，50（39）：8264-8269.

[2] Cornish-Bowden，Athel. One hundred years of Michaelis-Menten kinetics[J]. Perspectives in Science，2015，4（C）：3-9.

[3] Chakravortty D. Leonor Michaelis and Maud Leonora Menten[J]. Resonance，2013，18（11）：963-965.

[4] 吴钢. 低熔点琼脂糖的改性与制备技术研究 [D]. 福州：福建农林大学，2014：3-6.

[5] 《数学辞海》委员会. 数学辞海. 第2卷 [M]. 太原：山西教育出版社，2002.

[6] 周防震. Origin软件在酶工程实验数据分析中的应用 [J]. 化学工程与装备，2012（5）：26-27.

实验 1-7
固定化酶的制备

　　酶是一类具有生物催化功能的生物大分子，在日常生活与工业生产中有重要应用，与一般的催化剂相比，酶具有以下几个特点：酶的催化效率高、催化专一性强、催化反应条件温和、酶的活性是可以调控的。然而酶稳定性较差、不可回收利用的缺点导致其使用成本较高，是否有办法可以克服酶的这一缺点呢？

一、实验目的

（1）学习并掌握固定化酶制备技术。
（2）通过实验设计与结果分析理解并描述固定化酶酶促反应机制。
（3）学习并应用酶活计算方法。

二、实验原理

　　如图 1-7-1 所示，固定化酶技术是酶应用领域内一项重要的技术，与游离酶相比，固定化酶具有更稳定、产物与酶易于回收、可多次重复利用和支持酶促反应连续进行等优点，有助于改善酶的性能并促进酶在工业中的应用。酶的固定化方式主要有吸附、包埋、共价结合和交联等。吸附是利用酶与载体之间的非化学键进行结合，主要包括范德华力、离子键和氢键，结合力较弱，但通常不会改变酶的天然结构，因此可以保留酶的较多活性。包埋法是通过一定的手段将酶固定在凝胶或聚合物内部，凝胶或聚合物起半透膜的作用，底物通过渗透到内部与酶反应。包埋法具有操作简单、可大规模制备、可保留较多酶活等优点，可有效防止酶分子被微生物和外界杂质污染破坏，但该法存在传质问题，对于反应底物有一定的要求。共价结合法通过在酶和载体之间形成共价键实现。共价结合法具有酶与载体结合紧密、提高酶的稳定性以及更好的操作性等优点，但由于共价结合可能会对酶的结构产生影响，因此可能会导致酶活降低。交联固定是一个相对简单的过程，它不使用任何载体，具有成本低、效率高、稳定性好等特点。但由于交联过程是酶分子之间通过共价键互相连接，因此以这种方式固定的酶分子经常会发生构象的变化，从而降低甚至失去活性。

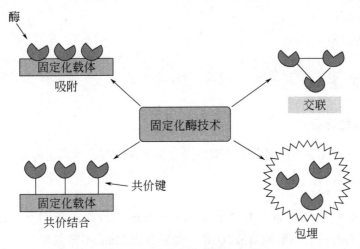

图1-7-1 固定化酶原理示意图

　　本实验所设计的固定化酶以海藻酸钠为固定化载体，使用包埋法固定中性蛋白酶，通过优化海藻酸钠的加入量，制备高活性固定化酶。

三、实验器材

1. 实验材料

（1）中性蛋白酶溶液：配制方法见"四、实验方法"。

（2）1%酪蛋白溶液：配制方法见"四、实验方法"。

（3）酪氨酸标准品溶液：配制方法见"四、实验方法"。

（4）海藻酸钠。

（5）氯化钙。

（6）福林试剂。

（7）三氯乙酸。

（8）碳酸钠。

2. 实验仪器

（1）磁力搅拌器：用于均匀搅拌样品。

（2）恒温水浴锅：用于维持恒温酶解反应。

（3）酶标仪：用于测定酪氨酸含量。

（4）分析天平：用于准确称量样品。

（5）注射器。

（6）烧杯。

（7）锥形瓶。

（8）容量瓶。

四、实验方法

1.酶液的准备

准确称取50mg中性蛋白酶，取少量去离子水溶解，然后定容至100mL。

2.酶的固定化

各取四瓶100mL $CaCl_2$ 溶液于250mL三角瓶中待用。配制不同浓度（2%、3%、4%、5%）的海藻酸钠溶液20mL，随后各取15mL不同浓度（2%、3%、4%、5%）的海藻酸钠于50mL小烧杯中，加热至沸腾完全溶解后，静置于室温下冷却，然后分别取中性蛋白酶10mL加入不同浓度的海藻酸钠溶液中，混合均匀。

用注射器将上述混合液逐渐滴入装有100mL $CaCl_2$ 溶液的三角瓶中静置冷却20min后，经固定化的小球使用纱布过滤晾干待用。

3.酶活力的测定

称取酪蛋白1g于烧杯中，先用少量蒸馏水湿润，然后慢慢加入0.2mol/L NaOH 4mL，充分搅拌，放入水浴中煮沸15min，溶解后冷却，定容至100mL，配制成1%酪蛋白溶液。

上述固定化的蛋白酶（0.4mL）与游离蛋白酶（1mL）分别置于三角瓶中，加10mL酪蛋白溶液，于40℃水浴保温15min后，取1mL置于试管中，加1mL 0.4mol/L三氯乙酸溶液。对照管为1mL中性蛋白酶液＋1mL三氯乙酸溶液＋1mL 1%酪蛋白溶液（顺序不可颠倒），于40℃水浴保温15min。

摇匀后，各管分别过滤，吸取滤液1mL，加入0.4mol/L碳酸钠溶液5mL，福林试剂1mL，充分摇匀，于40℃水浴锅中保温15min，然后每管各加入3mL去离子水，摇匀。用分光光度计在波长680nm处，测定吸光值。

4.标准曲线的测定

（1）准确称取100mg酪氨酸标准品，溶于适量去离子水中，使用100mL容量瓶准确定容，配制成1mg/mL酪氨酸标准溶液。

（2）取七支试管，编号，按表1-7-1配制不同含量的酪氨酸溶液。

（3）在下述七支试管中，分别加入1%酪蛋白溶液1mL，于40℃水浴锅中保温15min，取出后，加入1mL 0.4mol/L三氯乙酸溶液，充分摇匀。

表 1-7-1 不同含量酪氨酸溶液的配制

试管编号	酪氨酸含量/μg	1mg/mL酪氨酸标准溶液/mL	蒸馏水/mL
0	0	0	2.0
1	200	0.2	1.8
2	400	0.4	1.6
3	600	0.6	1.4
4	800	0.8	1.2
5	1000	1.0	1.0
6	1200	1.2	0.8

（4）各组分别吸取1mL滤液放入另外七支试管中。加入0.4mol/L碳酸钠溶液5mL，福林试剂1mL，充分摇匀，于40℃水浴锅中保温15min，然后每管各加入3mL去离子水，充分摇匀。

（5）使用分光光度计，以0号管为对照，在680nm处测定吸光值。

本实验流程如图1-7-2所示。

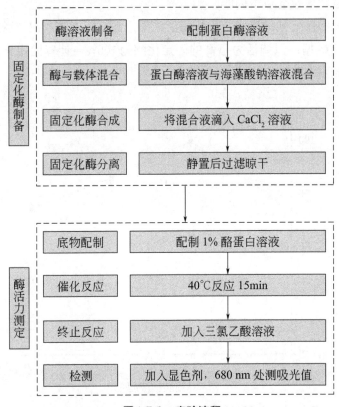

图1-7-2 实验流程

五、实验报告

实验报告统一格式。

1.基本信息

课程名称			成绩	
姓名		学号	专业年级	
授课教师		时间	地点	
实验题目				
小组成员贡献度评价（各成员贡献度之和为100%）；小组共（　　　　）人				
姓名				
贡献度				

2.实验结果

实验报告中应包含以下内容。

（1）不同海藻酸钠浓度固定化酶酶活结果，需在图中注明海藻酸钠的浓度以及对应的酶活数据，以酶活力最高的固定化酶为100%，计算固定化酶的相对酶活，示意图如图1-7-3。

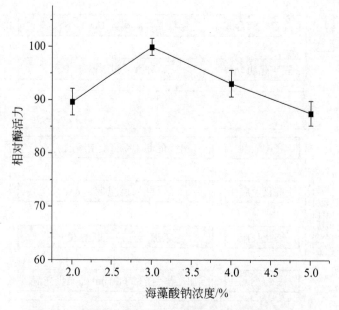

图1-7-3　海藻酸钠浓度对固定化酶酶活力的影响结果示例

（2）标准曲线测定实验的原始数据表格，绘制的标准曲线图，计算得到的标准曲线公式。利用标准曲线，计算游离中性蛋白酶以及固定化酶的酶活数据。

3.分析讨论

请根据你的测试结果，分析海藻酸钠浓度对固定化酶酶活力的影响。实验中遇到了什么问题，你是怎么解决的？若尚未成功解决，请分析问题出现的原因，并提出相应的解决方案。根据实验结果，回答以下问题。

（1）当海藻酸钠浓度为多少时，固定化酶的酶活力最高？

（2）分析在增大海藻酸钠浓度时，固定化酶酶活力的变化趋势及原因。

（3）固定化酶的酶活力相比游离酶的酶活力是否降低？为什么？

（4）标准曲线中 R^2 为多少？其误差可能来源于何处？

（5）你对本实验有什么建议？你还想进行哪些其他实验？

六、实验小结

术语：

固定化酶技术：用物理或化学手段，将游离酶封锁在固体材料或限制在一定区域内进行催化反应，并可回收重复使用的一种技术[1,2]。

海藻酸钠：海藻酸钠是从海带中提取的天然碳水化合物，粉末状，白色至浅黄色不定，无臭无味[3]。

中性蛋白酶：一般指沙雷肽酶，中性蛋白酶是由微生物经发酵提取而得的，属于一种内切酶，可用于各种蛋白质水解处理[4]。

（1）酶液与加热溶解的海藻酸钠混合时，海藻酸钠溶液一定要冷却至40℃以下后再加入酶液，以免高温导致蛋白酶失活。

（2）固定化酶制备中，海藻酸钠与酶混合物向 $CaCl_2$ 溶液滴加的速度不要过快，混合物要呈颗粒状进入 $CaCl_2$ 溶液，以免形成念珠状颗粒。

（3）在制备酶活力测定的空白对照时，要先加入三氯乙酸使酶失活，再加入酪蛋白溶液，顺序不可以颠倒。

（4）在酶活力测定时要严格控制水浴保温的时间一致，控制变量，减少实验误差。

（5）每次使用比色皿测吸光度值时要保证比色皿充分洗干净，最好在乙醇溶液中浸泡一下。

七、应用总结

1.酶的发现及研究史

酶的发现源于人们对发酵机制的逐渐了解。早在18世纪末和19世纪初，人们就认识到食物在胃中被消化，用植物的提取液可以将淀粉转化为糖，但对于其对应的机制则并不了解。1878年，德国生理学家威廉·屈内首次提出了酶的概念。随后，酶被用于专指胃蛋白酶等一类非活体物质，而酵素（ferment）则被用于指由活体细胞产生的具有催化活性的物质。德国科学家爱德华·比希纳这种对酶的错误认识很快得到纠正，通过在柏林洪堡大学所做的一系列实验最终证明发酵过程并不需要完整的活细胞存在，他将其中能够发挥发酵作用的酶命名为发酵酶。许多早期研究者指出，一些蛋白质与酶的催化活性相关；但包括诺贝尔奖得主里夏德·维尔施泰特在内的部分科学家认为酶不是蛋白质。1926年，美国生物化学家詹姆斯·萨姆纳完成了一个决定性的实验。他首次从刀豆得到尿素酶结晶，并证明了尿素酶的蛋白质本质，以后陆续发现的两千余种酶均证明酶的化学本质是蛋白质。

2.酶催化反应的机理

酶可以通过多种方式加快化学反应的进行速度，基本机理都是降低反应的激活能（吉布斯自由能）。

（1）稳定过渡态：产生一个与过渡态所带电荷互补的环境，以降低其能量。

（2）提供不同的反应途径：先和底物发生初步反应，与底物形成共价键连接，产生一个能量较低的中间态。

（3）降低底物基态的稳定性：结合底物后引起底物扭曲，从而降低底物基态与过渡态之间的能差。通过改变底物的排列方式，减少反应的熵变，此机制对催化的贡献较小。

酶可以同时使用以上多种催化机制来催化反应。比如，胰蛋白酶先通过一个催化三联体进行共价催化产生中间态，再借助氧负离子洞稳定过渡态的电荷排布，水解过程的完成则依赖有序排列的水分子底物。

3.固定化酶的商业价值

固定化酶具有相当重要的商业价值，包括下列优势。

（1）便利性：溶解度较低的蛋白质，借由此方法可以达到更佳的催化效果。

（2）经济性：固定后的酶具有可重复使用性。如将固定化乳糖酶应用于制造无乳糖牛乳。

（3）稳定性：固定化酶的稳定性及化学耐受性均较游离酶高。

　　詹姆斯·巴彻勒·萨姆纳（James Batcheller Sumner，1887—1955），美国化学家，1946年获诺贝尔化学奖。7岁那年，萨姆纳因打猎发生意外，失去了左臂。从此，他开始尝试用右手去做每一件事，他坚持打网球，滑雪溜冰，进行各种耐力训练，以磨炼意志，增强身体素质，最后以坚强的意志力完成了在哈佛大学的学业。毕业后，萨姆纳申请成为康奈尔大学生物化学教授奥托·福林的学生，当独臂萨姆纳出现在福林面前时，福林特别惊讶。眼前这位年轻人尽管有理想有学识，但少了一条胳膊，想在化学方面有所成就，困难太大。因此，他婉转地表示："我想，你还是改学法律吧，因为……"但萨姆纳毫无退意，他斩钉截铁地对福林表示："不，我一定要攻读生物化学，我主意已定，福林教授，请答应我的请求，我不会让你失望的。"福林最终留下了萨姆纳，萨姆纳也的确没有让福林失望，在酶领域取得了巨大成就。20世纪20年代，萨姆纳相信酶是蛋白质。他从1917年开始用刀豆粉为原料，分离提纯其中的脲酶（刀豆中脲酶多，易于测定）。1926年他成功地分离出一种脲酶活性很强的蛋白质。这是生物化学史上首次得到的结晶酶，也首次直接证明酶是蛋白质，推动了酶学的发展。1937年他又得到了过氧化氢酶的结晶，还提纯了几种其他的酶。由于在脲酶和其他酶方面的工作，他于1946年获得诺贝尔化学奖。他的著作有《生物化学教本》《酶的化学和方法》（与G.F.萨默斯合著）、《酶——化学及其作用机制》（与K.迈尔巴克共同主编）等，后两种已被译成俄文等其他文字。

参考文献

[1] Datta S，Christena L R，Rajaram Y R S. Enzyme immobilization：an overview on techniques and support materials[J]. 2013，3 Biotech，3（1）：1-9.

[2] Huang W C，Wang W，Xue C H，et al. Effective enzyme immobilization onto a magnetic chitin nanofiber composite[J]. ACS Sustainable Chemistry & Engineering，2018，6：8118-8124.

[3] 王孝华，海藻酸钠的提取及应用[J]. 重庆工学院学报（自然科学版），2007，5：124-128.

[4] 董逸楠，靳文斌，卜令军，等. 产中性蛋白酶工程菌的构建及其发酵条件的初步优化[J]. 天津科技大学学报，2013，28（5）：9-13.

实验 1-8
固定化酶的稳定性测试

以生物酶为核心的催化技术具有过程高效（物耗低、原子经济性高）、反应温和（能耗低）、环境友好等特点，是绿色化工的重要发展趋势之一。然而，目前生物酶的应用存在哪些问题？有什么策略能克服这些困难呢？

一、实验目的

（1）学习并掌握固定化酶制备技术。

（2）通过实验设计与结果分析理解并描述为何固定化酶的热稳定性有所提高。

二、实验原理

酶的固定化是指通过共价键、离子相互作用、包埋、交联等手段将酶与固体载体结合，以避免酶在溶液中扩散的方法。酶的固定化不仅有利于两相体系中的生物催化反应，而且固定化酶可以循环使用。此外，固定化可以有效提高酶的稳定性，并改变它们的性能。同游离酶相比，固定化酶在抵抗体系酸碱变化、温度变化、离子强度变化等诸多方面都有不同程度改善。目前解释固定化酶稳定性增强的机理有很多，有观点认为酶催化中心游离态时呈柔性结构，极易导致构象变化。载体与酶的多点结合改变了活性中心的分子结构，使之在外界环境变化时趋向于保持自身结构的稳定。也有观点认为酶分子构象的稳定是疏水相互作用、氢键作用、离子相互作用及范德华力等多种非共价作用力共同作用的结果。而当游离酶周围温度或pH变化时，这些作用力便会迅速减弱。将酶固定在载体或一定区域，载体会对酶的活性中心产生立体屏蔽作用，增加了酶活性中心构象改变时的阻力，从而大大降低酶活中心被破坏的程度，一定程度上削弱了外界环境变化对酶活造成的伤害，因而起到增强固定化酶稳定性的作用。

本实验所设计的固定化酶以海藻酸钠为固定化载体，使用包埋法固定化中性蛋白酶（图1-8-1），并对固定化酶的稳定性进行测试。

图1-8-1　海藻酸钠固定化酶

三、实验器材

1.实验材料

（1）中性蛋白酶溶液：配制方法见"四、实验方法"。

（2）1%酪蛋白溶液：配制方法见"四、实验方法"。

（3）柠檬酸-柠檬酸钠缓冲液、磷酸缓冲液、甘氨酸-NaOH缓冲液：配制方法见"四、实验方法"。

（4）海藻酸钠。

（5）氯化钙。

（6）福林试剂。

（7）三氯乙酸。

（8）碳酸钠。

2.实验仪器

（1）磁力搅拌器：用于均匀搅拌样品。

（2）恒温水浴锅：用于维持恒温酶解反应。

（3）酶标仪：用于测定酪氨酸含量。

（4）分析天平：用于准确称量样品。

（5）注射器。

（6）烧杯。

（7）锥形瓶。

（8）容量瓶。

四、实验方法

1.酶液的准备

准确称取50mg中性蛋白酶，取少量去离子水溶解，然后定容至100mL。

2.酶的固定化

取100mL $CaCl_2$溶液于250mL三角瓶中待用。取15mL 2%浓度的海藻酸钠于50mL小烧杯中，加热至沸腾完全溶解后，室温放置冷却，取中性蛋白酶10mL加入海藻酸钙溶液中，混合均匀。

用注射器将上述混合液逐滴滴入装有100mL $CaCl_2$溶液的三角瓶中，静置冷却20min后使用纱布过滤经固定化的小球，晾干待用。

3.缓冲溶液的配制

柠檬酸-柠檬酸钠缓冲液（pH3.0～5.0）：x mL 0.1mol/L柠檬酸+y mL 0.1mol/L柠檬酸钠，具体添加量见表1-8-1。

磷酸缓冲液（pH6.0～8.0）：x mL 0.1mol/L NaH_2PO_4+y mL 0.1mol/L Na_2HPO_4，具体添加量见表1-8-2。

甘氨酸-NaOH缓冲液（pH9.0～10.0）：x mL 0.1mol/L甘氨酸+y mL 0.1mol/L NaOH，具体添加量见表1-8-3。

表1-8-1　柠檬酸-柠檬酸钠缓冲液的配制

pH	柠檬酸/mL	柠檬酸钠/mL
3.0	18.6	1.4
4.0	13.1	6.9
5.0	8.2	11.8

表1-8-2　磷酸缓冲液的配制

pH	NaH_2PO_4/mL	Na_2HPO_4/mL
6.0	17.5	2.5
7.0	7.8	12.2
8.0	1.1	18.9

表1-8-3　甘氨酸-NaOH缓冲液的配制

pH	甘氨酸/mL	NaOH/mL
9.0	17	3
10.0	12.2	7.8

4.固定化酶的预处理

取4组固定化酶（每组1mL）与4组游离中性蛋白酶（每组0.4mL）置于试管中，分别加入去离子水1mL，放置于40℃、50℃、60℃、70℃的水浴锅中保温30min。

取8组固定化酶（每组1mL）与8组游离中性蛋白酶（每组0.4mL）置于试管中，分别加入pH3.0～10.0的缓冲溶液1mL，随后置于室温环境处理30min。

5.酶活力的测定

称取酪蛋白1g于烧杯中，先用少量蒸馏水湿润后，慢慢加入0.2mol/L NaOH 4mL，充分搅拌，放入水浴中煮沸15min，溶解后冷却，使用pH7.0磷酸缓冲液定容至100mL。

取1组固定化酶（1mL）、1组游离中性蛋白酶（0.4mL）分别加入去离子水1mL，和上述预处理的固定化与游离蛋白酶分别转移至三角瓶中，加10mL酪蛋白溶液，于40℃水浴保温15min后，取1mL置于试管中，加1mL 0.4mol/L三氯乙酸溶液。对照管为1mL中性蛋白酶液＋1mL三氯乙酸溶液＋1mL 1%酪蛋白溶液（顺序不可颠倒），于40℃水浴保温15min。

摇匀后，各管分别过滤，吸取滤液1mL，加入0.4mol/L碳酸钠溶液5mL，福林试剂1mL，充分摇匀，于40℃水浴保温15min，然后每管各加入3mL去离子水，摇匀。用分光光度计在波长680nm处测定吸光值。

本实验流程如图1-8-2所示。

五、实验报告

实验报告统一格式。

1.基本信息

课程名称			成绩	
姓名		学号	专业年级	
授课教师		时间	地点	
实验题目				
小组成员贡献度评价（各成员贡献度之和为100%）；小组共（　　　）人				
姓名				
贡献度				

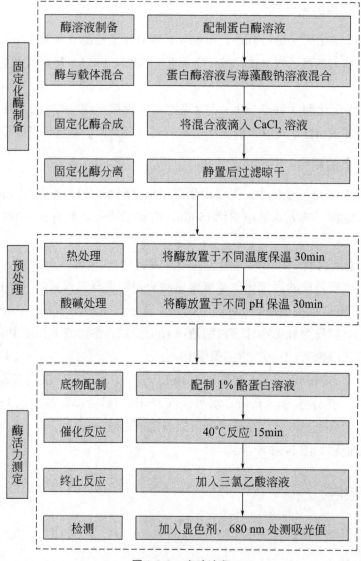

<table>
<tr><td rowspan="4">固定化酶制备</td><td>酶溶液制备</td><td>配制蛋白酶溶液</td></tr>
<tr><td>酶与载体混合</td><td>蛋白酶溶液与海藻酸钠溶液混合</td></tr>
<tr><td>固定化酶合成</td><td>将混合液滴入 $CaCl_2$ 溶液</td></tr>
<tr><td>固定化酶分离</td><td>静置后过滤晾干</td></tr>
<tr><td rowspan="2">预处理</td><td>热处理</td><td>将酶放置于不同温度保温 30min</td></tr>
<tr><td>酸碱处理</td><td>将酶放置于不同 pH 保温 30min</td></tr>
<tr><td rowspan="4">酶活力测定</td><td>底物配制</td><td>配制 1% 酪蛋白溶液</td></tr>
<tr><td>催化反应</td><td>40℃反应 15min</td></tr>
<tr><td>终止反应</td><td>加入三氯乙酸溶液</td></tr>
<tr><td>检测</td><td>加入显色剂，680 nm 处测吸光值</td></tr>
</table>

图 1-8-2　实验流程

2. 实验结果

实验报告中结果与分析应包含如下内容。

（1）在不同温度预处理后，固定化酶的热稳定性表现，需在图中注明处理温度及酶活数据，以未经处理的游离酶和固定化酶酶活力分别为100%，计算预处理酶的相对酶活力。图例中标明固定化酶与游离酶。示例结果如图 1-8-3。

（2）在不同pH预处理后，固定化酶的pH稳定性表现，需在图中注明处理pH及酶活数据，图例中标明固定化酶与游离酶。

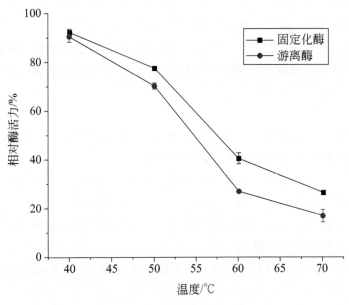

图1-8-3　热稳定性测试结果

3.分析讨论

请根据你的测试结果以及不同小组之间的结果比对，分析固定化酶的热稳定性为何比游离酶有所提高，固定化酶耐酸碱的能力为何上升。实验中遇到了什么问题，你是怎么解决的？若尚未成功解决，请分析问题出现的原因，并提出相应的解决方案。根据实验结果，回答以下问题。

（1）为什么高温和酸碱处理会使酶活降低？

（2）在70℃时，固定化酶的稳定性较游离酶提高多少？

（3）试述经不同pH缓冲溶液预处理后，固定化酶与游离酶的酶活力变化过程。

（4）你对本实验有什么建议？你还想进行哪些其他实验？

六、实验小结

术语：

　　酶的稳定性：是指酶分子抵抗外界各种因素的影响，保持其生物活力的能力。酶特定空间结构决定其生物活性，因此稳定化的结果就是维持其空间结构[1]。

　　酶抑制剂：酶抑制剂是一种作用于或影响酶的活性中心或必需基团，

从而导致酶活性下降甚至丧失的物质[2,3]。

酶的活性中心：酶在催化反应的过程中，直接与底物接触并起催化作用的只是酶分子中的一小部分，把酶分子中与底物结合并催化反应发生的部位称为酶的活性中心[4]。

（1）酶液与加热溶解的海藻酸钠混合时，海藻酸钠溶液一定要冷却至40℃以下后再加入酶液，以免高温导致蛋白酶失活。

（2）固定化酶制备中，海藻酸钠与酶混合物向 $CaCl_2$ 溶液滴加的速度不要过快，混合物要呈颗粒状进入 $CaCl_2$ 溶液，以免形成念珠状颗粒。

（3）在制备酶活力测定的空白对照时，要先加入三氯乙酸使酶失活，再加入酪蛋白溶液，顺序不可以颠倒。

（4）在酶活力测定时要严格控制水浴保温的时间一致，控制变量，减少实验误差。

（5）多种缓冲溶液的配制十分复杂，严格控制添加比例。

（6）每次使用比色皿测吸光度值时要保证比色皿充分洗干净，最好在乙醇溶液中浸泡一下。

七、应用总结

1.酶的工业应用

相比于传统化学催化，蛋白催化/酶催化的高效性、少废料等特点十分突出，这也是过去40年酶工业崛起的原因之一。现代生物技术的发展也是促进酶工业向前发展的重要动力，当代生物技术，如测序技术（sequencing）、蛋白质工程（protein engineering）、上游发酵（fermentation）、下游生物加工工艺（bioprocessing），无不助力于开发和生产更复杂更高效的酶产品。酶在纺织、食品、养殖、化工等领域均有重要应用。以食品领域为例，2016年食品产业的酶销量达到13亿美元，在食品产业，最常见的酶应用是淀粉酶（amylase）和葡糖淀粉酶（glucoamylase）水解淀粉，水解后的淀粉会产生小分子单糖或多糖，给食物以甜味。除此以外，还有利用葡萄糖异构酶（glucose isomerase）来催化葡萄糖生产果糖糖浆的例子。使用乳糖酶处理牛奶中的乳糖，生产无乳糖牛奶，解决了乳糖不耐受症患者对牛奶的消化困难。

2.酶的抑制剂

酶的催化活性可以被多种抑制剂所降低。

（1）可逆抑制作用：可逆抑制作用的类型有多种，它们的共同特点在于抑制剂对酶活性的抑制反应具有可逆性。

（2）竞争性抑制作用：抑制剂与底物竞争结合酶的活性位点（抑制剂和底物不能同时结合到活性位点），也就意味着它们不能同时结合到酶上。

（3）非竞争性抑制作用：非竞争性抑制剂可以与底物同时结合到酶上，即抑制剂不结合到活性位点。

（4）反竞争性抑制作用：反竞争性抑制作用比较少见，抑制剂不能与处于自由状态下的酶结合，而只能和酶-底物复合物（ES）结合，这种抑制作用可能发生在多亚基酶中。

（5）复合抑制作用：这种抑制作用与非竞争性抑制作用比较相似，区别在于酶-抑制物-基质复合体（EIS复合物）残留有部分酶的活性。在许多生物体中，这类抑制剂可以作为负反馈机制的组成部分。

（6）不可逆抑制作用：不可逆抑制剂可以与酶结合形成共价连接，而其他抑制作用中酶与抑制剂之间都是非共价结合。

3.限制固定化酶应用的因素

（1）固定化可能造成酶的部分失活，使酶活力降低。

（2）酶催化微环境的改变可能导致其反应动力学发生变化。

（3）固定化酶的操作较为复杂，制备成本较高，对于较为廉价的酶制剂不适用。

（4）与完整菌体细胞相比，固定化酶不适宜于多酶反应，特别是需要辅助因子参加的反应。

拓展阅读

威廉·弗里德里希·屈内（德语：Wilhelm Friedrich Kühne，1837 — 1900）出生在德国汉堡。1854年，屈内进入了哥廷根大学，在那里，他受到了一群杰出导师的影响：化学家弗里德里希·维勒（1800—1882）、病理学家和解剖学家雅各布·亨勒（1809—1885）、物理学家威廉·韦伯（1804—1891）。1856年，屈内获得了博士学位，之后他辗转欧洲各地，最终返回柏林，并于1862年获得了耶拿大学的荣誉医学学位。

屈内在柏林开始了消化过程的研究。他发现，狗的胰腺分泌物可以将牛肉纤维蛋白溶解成各种肽段和氨基酸。1876年，屈内在海德堡做了一次演讲，介绍了"酶"这个术语作为一种有机催化剂的名称，这种催化剂由动物或植物细胞"精心制作"而成，可以从细胞中分离出来，其活性不依赖于细胞的任何生命过程。他还介绍了"胰蛋白酶"这个术语，这是他在狗的胰腺导管分泌物中发现的一种强大的蛋白水解酶。他进一步发现，胰蛋白酶起源于一种不活跃的前体（胰蛋白酶原）。与奇滕登一起，屈内阐述了蛋白质水解的生物过程，并最终认识到蛋白质消化的顺序和性质——首先在胃的酸性胃蛋白酶环境中，随后在小肠的碱性胰蛋白酶环境中被消化分解。

参考文献

[1] Silva C，Martins M，Jing S，et al，Practical insights on enzyme stabilization[J]. Critical Reviews in Biotechnology，2018，38（3）：335-350.

[2] Srinivasan B，Tonddast-Navaei S，Roy A，et al. Chemical space of *Escherichia coli* dihydrofolate reductase inhibitors：New approaches for discovering novel drugs for old bugs[J]. Medicinal Research Reviews，2019，39（2）：684-705.

[3] Srinivasan B，Tonddast-Navaei S，Skolnick J. Ligand binding studies，preliminary structure-activity relationship and detailed mechanistic characterization of 1-phenyl-6，6-dimethyl-1,3,5-triazine-2,4-diamine derivatives as inhibitors of *Escherichia coli* dihydrofolate reductase[J]. European Journal of Medicinal Chemistry，2015，103：600-614.

[4] Bugg T D H，Introduction to enzyme and coenzyme chemistry（2nd ed. ）[M]. 2004，Blackwell Publishing Limited. ISBN 9781405114523.

综合实验篇

　　本篇是以酶法进行海洋生物资源转化的综合实验部分，针对各种不同的海洋生物资源，以不同的酶进行高值化开发利用，形成相应的实验教学项目。各项目均选用有代表性的大宗海洋生物资源，如藻类来源的琼胶、卡拉胶、海藻酸钠，甲壳类来源的壳聚糖、甲壳素，鱼类来源的鱼油，各种海洋生物资源开发副产物中的蛋白质等。相应的酶包括琼胶酶、卡拉胶酶、褐藻胶裂解酶、壳聚糖酶、甲壳素酶、脂肪酶、蛋白酶等。通过本篇的实验教程，可以学习酶工程技术在各种不同海洋生物资源转化中的应用。

实验 2-1
酶与糖的反应模式研究

琼脂粉是制作果冻、饮料等常用的原料，也是微生物学实验中配制固体培养基所用的凝胶材料。大部分微生物均不能降解利用琼脂，这是其可用于固体培养基配制的重要前提。那是否存在能够利用琼脂的微生物呢？这些微生物中负责降解琼脂的是什么酶呢？琼脂被降解后又会变成什么产物呢？

一、实验目的

（1）学习并掌握薄层色谱技术。
（2）通过实验设计与结果分析掌握并描述酶与底物比例对酶催化反应的影响。
（3）通过结果分析掌握并描述 β-琼胶酶的底物降解模式。

二、实验原理

如图 2-1-1 所示，琼胶酶是一种催化琼胶水解的糖苷水解酶。根据不同的水解模式琼胶酶被分为两大类，分别是 α-琼胶酶（E.C.3.2.1.158）[1]和 β-琼胶酶（E.C.3.2.1.81）[2]。迄今为止，已经分离鉴定的琼胶酶有几十种，其来源包括海水、海洋沉积物或其他环境分离的多种细菌。琼胶酶应用广泛，例如用于水解琼脂生产低聚糖，低聚糖表现出有利于人类健康的重要活性。此外，琼胶酶还有其他的用途，例如作为制备海藻原生质体的工具酶，在分子生物学中降解琼胶以回

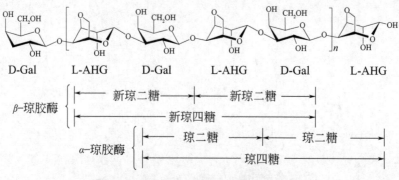

图 2-1-1　琼胶的结构与琼胶酶的作用位点
D-Gal 为 D-半乳糖；L-AHG 为 L-3,6-内醚-半乳糖

收 DNA，以及用于研究海藻细胞壁的多糖组成等。琼胶酶的研究已经从单纯的克隆测序发展到了其结构和功能的关系[3]。这些研究可以对琼胶酶的应用起到重要的指导作用。

本实验所用的琼胶酶为 β-琼胶酶，可酶解琼胶生成偶数新琼寡糖，在反应体系中通过优化酶与底物的比例，便可以利用尽可能少的 β-琼胶酶得到尽可能多的新琼寡糖，通过 DNS 法可以测定酶解效率，通过薄层色谱（TLC）检测可以分离样品，测定酶解得到的新琼寡糖的聚合度[4,5]。

三、实验器材

1.实验材料

（1）β-琼胶酶 AgWH50B 粗酶液。

（2）pH7.0 的 0.3% 琼脂糖溶液（20mmol/L pH7.0 磷酸盐缓冲液溶解，具体配制方法见"四、实验方法"）。

（3）DNS 试剂。

（4）薄层色谱用硅胶板。

（5）薄层色谱用展开剂：正丁醇、乙酸和水（体积比=2∶1∶1）

（6）薄层色谱用显色剂：含有 10% 浓 H_2SO_4 的乙醇溶液（含 0.5% 百里酚）。

2.实验仪器

（1）水浴锅：用于维持 40℃ 酶解反应。

（2）电磁炉：用于样品进行沸水浴，结束酶解反应以及 DNS 显色反应。

（3）色谱缸：用于薄层色谱。

（4）烘箱：用于 85℃ 下 TLC 板显色。

（5）分光光度计：用于 DNS 法测定还原糖含量的比色分析。

（6）毛细玻璃管：用于薄层色谱点样，可用量程 10μL 或以下的移液器代替。

（7）吹风机：用于薄层色谱点样时及时吹干样品。

四、实验方法

1.获得新琼寡糖的酶解反应

一定浓度的琼脂糖溶液与粗酶液在各种不同比例下（各组自行选择比例，如 30∶1、20∶1、10∶1 等，各组均添加相同体积的琼脂糖溶液，通过添加不同体积的粗酶液来调节比例）混合后于 40℃ 孵育，于 10min、20min、30min、40min、

50min 和 1h 取样，沸水浴 5min，迅速冷却至室温，然后用 DNS 和 TLC 对产物进行测定。

2.产物的 TLC 检测

将反应产物等量上样到 TLC 板上，在组分构成是正丁醇、乙酸和水（体积比为 2：1：1）的展开剂中色谱；之后向板上均匀喷洒含有 10% 浓 H_2SO_4 的乙醇溶液（含 0.5% 百里酚）使斑点可见，再将 TLC 板放置在 85℃ 显色 6min，通过 TLC 上的显色斑点大致判断水解产物。

3.产物中还原糖含量的测定

向 0.20mL 样品中加入 0.30mL DNS 试剂，沸水浴 5min，冷水冷却，测定 540nm 处吸光度，根据 D-半乳糖标准曲线测定反应液还原糖含量，计算产物浓度与酶活。请各小组根据"术语"中标准曲线的定义设计实验，用 D-半乳糖绘制还原糖含量标准曲线。

本实验流程如图 2-1-2 所示。

五、实验报告

实验报告统一格式。

1.基本信息

课程名称				成绩	
姓名		学号		专业年级	
授课教师		时间		地点	
实验题目					
小组成员贡献度评价（各成员贡献度之和为 100%）；小组共（　　　）人					
姓名					
贡献度					

2.实验结果

实验报告中应包含如下内容。

（1）TLC 检测不同反应时间样品中寡糖的结果，需在图中标明各样品的取样时间，各个标品名称，图例中需写清楚选择的琼脂糖与粗酶液的比例。示例结果如图 2-1-3。

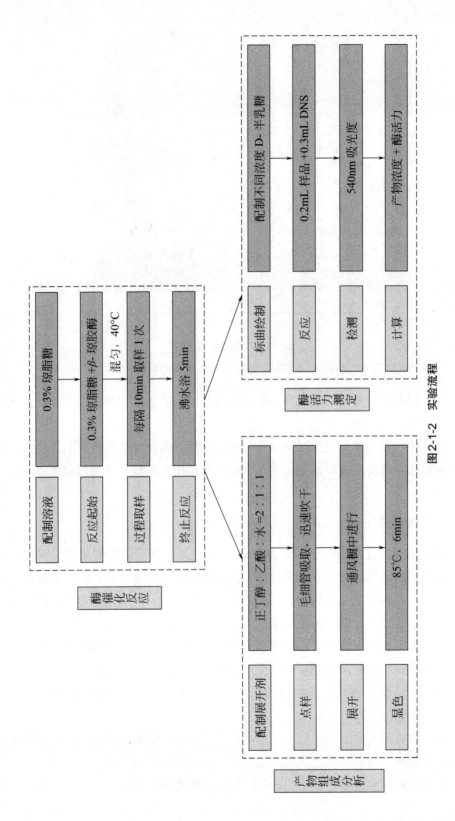

图 2-1-2　实验流程

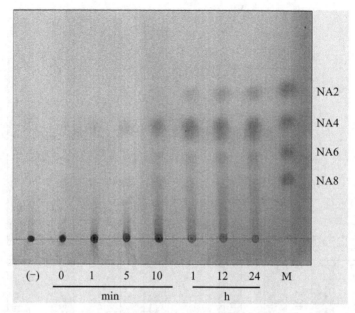

图2-1-3　TLC结果示例

NA2：新琼二糖；NA4：新琼四糖；NA6：新琼六糖；NA8：新琼八糖

（2）标准曲线测定实验的原始数据表格，绘制的标准曲线图，计算得到的标准曲线公式。

（3）DNS检测不同反应时间样品中还原糖的浓度，包括原始数据表格，绘制的还原糖浓度随反应时间的变化曲线。作图需使用平均值，并展示误差棒（error bar）。

3.分析讨论

请根据你的反应条件与TLC及DNS检测结果，分析该酶解过程，并根据不同小组之间的结果比对，分析酶与底物的比例对酶催化反应的影响。实验中遇到了什么问题，你是怎么解决的？若尚未成功解决，请分析问题出现的原因，并提出相应的解决方案。根据实验结果，回答以下问题。

（1）β-琼胶酶水解琼胶的产物中，都包含哪些寡糖？哪种寡糖含量较多？

（2）描述β-琼胶酶水解琼胶反应中产物的变化过程。

（3）还原糖浓度随反应时间的变化趋势是怎样的？根据TLC的结果，分析产生该变化趋势的原因。

（4）比较不同组之间的结果，当底物量相同时提高酶的添加量，对产物的组成有没有影响？对还原糖浓度的变化趋势有没有影响？为什么？

（5）你对本实验有什么建议？你还想进行哪些其他实验？

六、实验小结

术语：

标准曲线：分析检测中的标准曲线是指一系列已知含量（浓度/量）的物质与仪器响应/信号之间的关系。

β-琼胶酶：是一种催化琼胶水解的糖苷水解酶，其专一性催化琼胶多糖或寡糖中 β-1,4-糖苷键的水解[2]。

新琼寡糖：琼胶寡糖的一种，非还原端第一个单糖为 3,6-L-内醚-半乳糖的琼胶寡糖被称为新琼寡糖。

薄层色谱：以涂布于支持板上的支持物作为固定相，以合适的溶剂为流动相，对混合样品进行定性与定量分析、分离和鉴定的一种色谱分离技术。英文为 thin-layer chromatography，简称 TLC。

（1）反应时建议首先将琼脂糖溶液在40℃预热5min，然后加入粗酶液后开始计时，这样可最大程度保证反应在设定的温度条件下进行。

（2）建议同时做6组反应样品，每隔10min取出一个，以避免反复取样影响反应效果。

（3）每组取样点的反应样品做3个平行，DNS测定各平行样品的还原糖浓度，根据DNS结果选择各取样时间还原糖浓度最高的样品进行TLC检测。

（4）需做两组对照样品，一组只加底物琼脂糖不加粗酶液，另一组只加粗酶液不加底物琼脂糖。

（5）TLC样品点板时，为防止样品扩散影响分离效果，需采取少量多次点板的方式，即每次用毛细玻璃管点一滴后，立即用吹风机吹干，然后再点下一滴。

（6）TLC需在通风橱中进行，溶剂液面不可触及点样区域。

七、应用总结

1.琼脂糖与琼脂粉的区别与联系

琼脂糖与琼脂粉均是实验室常用的试剂。前者用于分离核酸的琼脂糖凝胶电泳，后者用于配制固体培养基，二者有何关系呢？琼脂粉是琼脂的粉末，琼脂又称琼胶，是红藻类细胞壁的主要组成成分，常使用江蓠、石花菜、紫菜作为原料提取。琼胶是由琼脂糖和琼脂胶两部分组成，其中琼脂糖是琼脂的主要组成成分，约占70%。琼脂胶与琼脂糖在组成单元上相似，但侧链羟基会被硫酸基、甲氧基、葡萄糖醛基、丙酮酸等基团不同程度地取代，其中硫酸基占多数。硫酸基的存在会降低琼胶的凝胶性能。琼脂糖是以琼胶为原料提取而来的。琼脂糖的硫酸根含量很低（<0.15%），因此其电内渗程度很低，从而成为核酸分离凝胶电泳的理想材料。

2.琼脂粉是如何成为固体培养基凝胶材料的

1881年，在德国柏林帝国医院工作的科赫（Robert Koch）为了分离混合在一起生长的不同微生物，尝试开发固体培养基。科赫尝试将明胶作为凝固剂加入液体培养基形成固体培养基，然而明胶在25～37℃即开始熔化，不适合大多数微生物的培养。当时，印度洋群岛的荷兰人已经开始利用琼脂制作果冻与果酱。科赫同事赫斯（Hesse）的妻子芬妮（Fannie）推荐其尝试使用琼脂作凝固剂，结果大获成功，并一直沿用至今（多与他人讨论科学问题会有意想不到的收获）。为什么琼脂能够作为固体培养基凝固剂沿用至今呢？因为琼脂具备作为固体培养基凝固剂所需的所有特点。

① 不被所培养的微生物分解利用。
② 在微生物生长的温度范围内保持固体状态。
③ 凝固点温度不能太低，否则将不利于微生物的生长。
④ 对所培养的微生物无毒害作用。
⑤ 在灭菌过程中不会被破坏。
⑥ 透明度好，黏着力强。
⑦ 配制方便且价格低廉。

拓展阅读

科赫（Robert Koch，1843—1910），德国细菌学家。提出了传染病病原体鉴定的科赫原则；发现了炭疽杆菌、结核分枝杆菌和霍乱弧菌，查清了它们的传播途径；发明了显微摄影、组织切片染色，以及培养基技术。科赫为预防和医治疟疾、鼠疫、伤寒、回归热及昏睡症等传染病作出了巨大贡献。1905年，因其发现结核分枝杆菌，为人类征服结核病这个"恶魔"奠定了基础，获得了1905年诺贝尔生理学或医学奖。（发明固体培养基仅仅是科赫对科学及人类巨大贡献的冰山一角。为了对抗各地的疫情，科赫的足迹遍布埃及、开普敦、印度等地，有兴趣的同学可以自己检索了解科赫原则及科赫的生平。）

对传染病学作出巨大贡献的科赫，他的科研之路是从哪里出发的呢？科赫23岁毕业于哥廷根大学，很快普法战争爆发，他成为了一名战地医生。

1872年，科赫被任命为一个偏僻乡镇医疗卫生所的医官，每天要面对许许多多的病人与牲畜。当时，炭疽病肆虐，牛羊成群病死，科赫决定对此展开研究，然而受限于其卫生所的简陋条件，他一筹莫展。科赫的妻子在其30岁（一说为28岁）生日时，送给他一台显微镜作为生日礼物，这台唯一花钱购买的设备成为了科赫开启该研究的"钥匙"。科赫用显微镜观察了病死羊的血液，发现其中有一种杆状物。他在读大学时曾了解过传染病是由活的寄生生物引起的，因此敏锐地意识到这些杆状物可能是炭疽病的病原体。如何证明呢？做实验！科赫设计了一系列严谨的实验。

第一，要证明这些杆状物会导致健康的动物生病。思路有了，执行起来要面对重重困难。当时的科赫没有获得项目资助，买不起羊，只好用野外动物代替，于是科赫诊所附近的老鼠遭殃了。动物有了，怎样将杆状物转移到动物身上？当时的注射器也是贵重仪器，科赫用不起，就用尖锐的木屑代替，用蒸汽灭菌后的木屑蘸取羊的血液，刺入老鼠的尾巴，完成接种。很快，接种病死羊血的老鼠死亡，而接种健康羊血的老鼠依然健康。第一步实验完成了，证明病死羊血液中的杆状物确实会导致健康的动物生病。然而科赫说"不行，我觉得证据还不够充分！"

第二，要确定这些杆状物是不是活的，是不是生物。怎么办？用现在的话说，需要做"纯培养"。在微生物实验室里有超净工作台、培养基、培养箱等也基本就够了，然而当时的科赫什么都没有。在实验室之外进行微生物的纯培养，设身处地试想一下，你能不能做到？但是这些都无法阻挡对科研抱有巨大热情的科赫。没有培养箱，科赫用木头箱子，用油灯加热来尽可能地保持恒温。没有培养基，科赫经过多番尝试，选用了牛眼中的清液来培养微生物。显微镜放大倍数不够，科赫第一个使用油镜来提高分辨率……最终，科赫成功培养出了纯的杆状物，证明了它是活的，是微生物，还首次拍了微生物在显微镜下的照片。将培养的微生物接种许多其他动物，进一步证明了该微生物是炭疽病的病原体。第二步实验完成，证据已经很充分了，然而科赫说"不行，我觉得证据还不够充分！"因为科赫发现该病原菌致死率很高，染病的动物很快就死掉，而且病原菌本身也很脆弱，在环境中存活不了多久，那炭疽病是怎么大范围扩散又每年反复暴发的呢？

第三，找出炭疽病每年反复暴发的原因。这个问题困扰了科赫一段时间，解开谜团的关键在于科赫的细心观察与科学分析。一天，科赫观察了一个废弃的培养液，发现其中有半数以上都是球菌，与作为杆菌的病原菌形态有明显差别。会不会是染菌了？"之前全是杆菌，即便染菌，也不太可能染的球菌数量比原先的杆菌还多吧？"于是科赫继续观察这些培养液，发现时间越久，球菌数量越多，杆菌数量越少。他灵机一动，往培养液中添加了一点新鲜培养基，发现球菌居然又变成杆菌了。原来球菌是由杆菌变来的，在适合生长的条件下，球菌变成杆菌，大量繁殖，导致炭疽病暴发，在不利生长的条件下，杆菌变成球菌，以便在自然环境中生存下来，等待时机。现在我们知道，科赫观察到的球菌就是芽孢。证据终于充足了，科赫将研究结果整理成论文发表，引起轰动，并由此进入了当时世界上最先进的微生物实验室。科赫为全球医学微生物学的发展作出了巨大贡献，其研究成果拯救了无数人的生命。

参考文献

[1] Liu J，Liu Z，Jiang C C，et al. Biochemical characterization and substrate degradation mode of a novel α-agarase from *Catenovulum agarivorans*[J]. Journal of Agricultural and Food Chemistry，2019，67（37）：10373-10379.

[2] Liang Y X，Ma X Q，Zhang L J，et al. Biochemical characterization and substrate degradation mode of a novel exotype β-agarase from *Agarivorans gilvus* WH0801[J]. Journal of Agricultural and Food Chemistry，2017，65：7982-7988.

[3] Chengcheng Jiang，ZhenLiu，Danyang Cheng，Xiangzhao Mao，Agarose degradation for utilization：Enzymes，pathways，metabolic engineering methods and products[J]. Biotechnology Advances，2020，45：107641.

[4] Jiang C C，Liu Z，Liu J，et al. Applying both chemical liquefaction and enzymatic catalysis can increase production of agaro-oligosaccharides from agarose[J]. Journal of Ocean University of China，2020，19：1371-1377.

[5] 刘婕，α-琼胶酶CaLJ96的表达、表征及初步应用[D]. 中国海洋大学，2020.

实验 2-2
酶降解卡拉胶反应模式研究

卡拉胶是一种重要的食品添加剂，广泛用于制造果冻、冰淇淋、糕点、软糖、罐头、肉制品、八宝粥、银耳燕窝食品、羹类食品、凉拌食品等等。其来源主要是海洋红藻，那大家有没有思考过生长在红藻表面的微生物是以什么为营养而进行生长的呢？其中有没有可以利用卡拉胶的微生物？那么这些微生物又是依靠什么来降解利用卡拉胶的呢？卡拉胶被分解利用之后会变成什么产物呢？

一、实验目的

（1）通过实验设计与结果分析掌握并描述酶与底物比例对酶催化反应的影响。
（2）通过结果分析掌握并描述 κ-卡拉胶酶的底物降解模式。

二、实验原理

如图 2-2-1 所示，按硫酸基团的取代位置和个数，卡拉胶多糖可被分为三类，分别是 κ-卡拉胶、ι-卡拉胶和 λ-卡拉胶[1]。三种卡拉胶的基本结构均由 D-半乳糖和 3,6-内醚-D-半乳糖组成的重复二糖单元构成。不同的是 κ-卡拉胶的二糖单元中仅 D-半乳糖的 4 号位羟基被硫酸基团所取代。而 ι-卡拉胶中除了 D-半乳糖的 4 号位羟基被取代，其 3,6-内醚-D-半乳糖单元的 2 号位羟基也被硫酸基团所取代。λ-卡拉胶结构更为复杂，除了 D-半乳糖 2 号位羟基被硫酸基团取代，其 3,6-内醚-D-半乳糖单元的 2 号和 6 号位羟基也被硫酸基团所取代。

卡拉胶可在卡拉胶酶的水解作用下生成卡拉胶寡糖。根据不同的底物特异性可分为三大类，分别是 κ-卡拉胶酶（E.C.3.2.1.83）、ι-卡拉胶酶（E.C.3.2.1.157）和 λ-卡拉胶酶（EC 3.2.1.162）（图 2-2-2）[2]。它们作用于三种不同的卡拉胶多糖可以得到不同的新卡拉胶寡糖，其共同点是断裂卡拉胶的 β-1,4-糖苷键生成非还原端为 3,6-内醚-D-半乳糖的新卡拉胶寡糖。相对应地，我们将非还原端为 D-半乳糖的寡糖命名为卡拉胶寡糖。迄今为止，目前所表达表征的卡拉胶酶中 κ-卡拉胶酶最多，研究较为透彻，其主要原因是其底物 κ-卡拉胶结构最为简单。卡拉胶

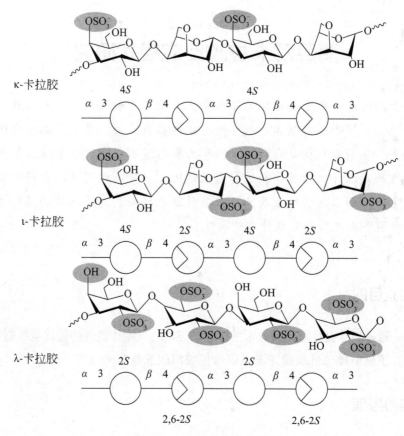

图2-2-1 不同结构的卡拉胶

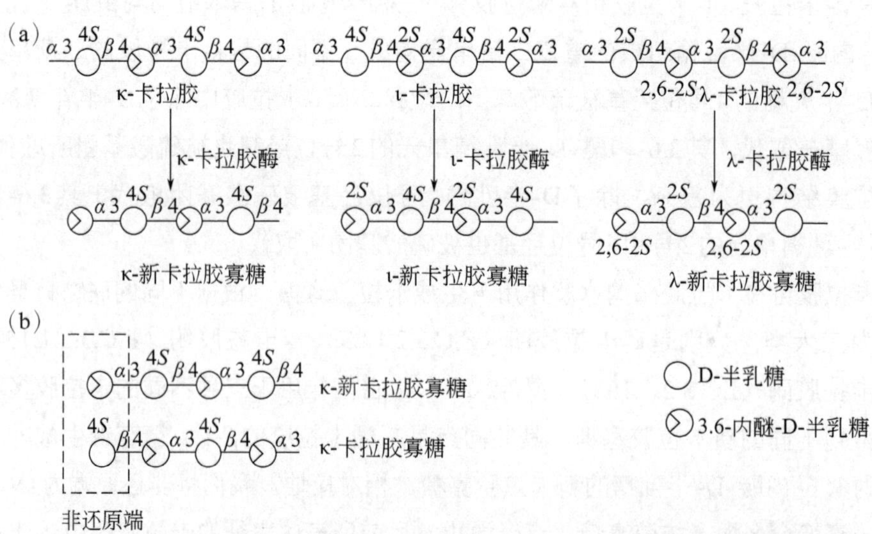

图2-2-2 三种卡拉胶酶（a）；κ-新卡拉胶寡糖和κ-卡拉胶寡糖结构的区别（b）

酶水解卡拉胶得到的卡拉胶寡糖具备良好的生理活性，且易于被人体吸收利用，其活性相比于不含硫酸基团的琼胶寡糖也有一定的提升，因此开发新的卡拉胶酶具有重要意义。卡拉胶酶的研究已经从单纯的克隆测序发展到了研究其结构和功能的关系，这些研究可以对卡拉胶酶的应用起到重要的指导作用。

本实验所用的卡拉胶酶为κ-卡拉胶酶，可酶解κ-卡拉胶生成偶数κ-新卡拉胶寡糖，在反应体系中通过优化酶与底物的比例，便可以利用尽可能少的κ-卡拉胶酶得到尽可能多的κ-新卡拉胶寡糖，通过DNS法可以测定酶解效率，通过薄层色谱（TLC）检测可以分离样品，测定酶解得到新卡拉胶寡糖的聚合度。

三、实验器材

1.实验材料

（1）κ-卡拉胶酶2976粗酶液。

（2）pH7.0的0.3%琼脂糖溶液（20mmol/L pH7.0磷酸盐缓冲液溶解，具体配制方法见"四、实验方法"）。

（3）DNS试剂。

（4）薄层色谱用硅胶板。

（5）薄层色谱用展开剂：正丁醇、乙酸和水（体积比=2∶1∶1）。

（6）薄层色谱用显色剂：含有10%浓H_2SO_4的乙醇溶液（含0.5%百里酚）。

2.实验仪器

（1）水浴锅：用于维持60℃酶解反应。

（2）电磁炉：用于样品进行沸水浴，结束酶解反应以及DNS显色反应。

（3）色谱缸：用于薄层色谱。

（4）烘箱：用于85℃下TLC板显色。

（5）分光光度计：用于DNS法测定还原糖含量的比色分析。

（6）毛细玻璃管：用于薄层色谱点样，可用量程10μL或以下的移液器代替。

（7）吹风机：用于薄层色谱点样时及时吹干样品。

四、实验方法

1.获得κ-新卡拉胶寡糖的酶解反应

一定浓度的κ-卡拉胶溶液与粗酶液在各种不同比例下（各实验组自行选择比例，如30∶1、20∶1、10∶1等，各组均添加相同体积的κ-卡拉胶溶液，通过添加不同体积的粗酶液来调节比例）混合后60℃孵育，于10min、20min、30min、40min、50min和1h取样，沸水浴5min，迅速冷却至室温，然后用DNS和TLC对产物进行测定。

2. 产物的TLC检测

将反应产物等量上样到TLC板上，在组分构成是正丁醇、乙酸和水（体积比2∶1∶1）的显色剂中显影；之后向板上均匀喷洒含有10%浓H_2SO_4的乙醇溶液（含0.5%百里酚）使斑点可见，再将板放置在85℃显色6min，通过TLC上的显色斑点大致判断水解产物。

3. 产物中还原糖含量的测定

向样品中加入0.30mL DNS试剂，沸水浴5min，冷水冷却，测定540nm处吸光度，根据D-半乳糖标准曲线测定反应液还原糖含量，计算产物浓度与酶活。请各小组根据"术语"中标准曲线的定义设计实验，用D-半乳糖测定还原糖含量标准曲线。

本实验流程如图2-2-3所示。

五、实验报告

实验报告统一格式。

1. 基本信息

课程名称				成绩	
姓名		学号		专业年级	
授课教师		时间		地点	
实验题目					
小组成员贡献度评价（各成员贡献度之和为100%）；小组共（　　　）人					
姓名					
贡献度					

2. 实验结果

实验报告中应包含如下内容。

（1）TLC检测不同反应时间样品中寡糖的结果，需在图中标明各样品的取样时间，各个标品名称，图例中需写清楚选择的κ-卡拉胶与粗酶液的比例。示例结果如图2-2-4。

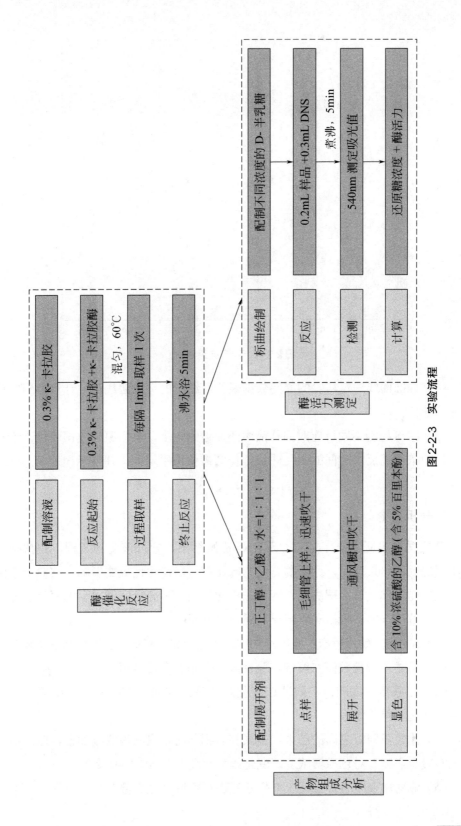

图 2-2-3　实验流程

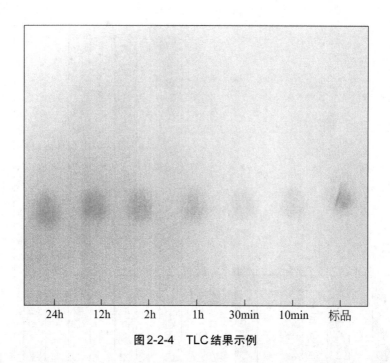

24h   12h   2h   1h   30min   10min   标品

图2-2-4 TLC结果示例

（2）标准曲线测定实验的原始数据表格，绘制的标准曲线图，计算得到的标准曲线公式。

（3）DNS检测不同反应时间样品中还原糖的浓度，包括原始数据表格，绘制的还原糖浓度随反应时间的变化曲线。作图需使用平均值，并展示误差棒（error bar）。

3.分析讨论

请根据你的反应条件与TLC及DNS检测结果，分析该酶解过程，并根据不同小组之间的结果比对，分析酶与底物的比例对酶催化反应的影响。实验中遇到了什么问题，你是怎么解决的？若尚未成功解决，请分析问题出现的原因，并提出相应的解决方案。根据实验结果，回答以下问题。

（1）κ-卡拉胶酶水解卡拉胶的产物中，都包含哪些寡糖？哪种寡糖含量较多？

（2）描述κ-卡拉胶酶水解卡拉胶反应中产物的变化过程。

（3）还原糖浓度随反应时间的变化趋势是怎样的？根据TLC的结果，分析产生该变化趋势的原因。

（4）比较不同组之间的结果，当底物量相同时，提高酶的添加量，对产物的组成有没有影响？对还原糖浓度的变化趋势有没有影响？为什么？

（5）你对本实验有什么建议？你还想进行哪些其他实验？

六、实验小结

（1）反应时建议首先将卡拉胶溶液在 60℃ 预热 10min，然后加入粗酶液后开始计时，这样可最大程度保证反应在设定的温度条件下进行。

（2）建议同时做 6 组反应样品，每隔 10min 取出一个，以避免反复取样影响反应效果。

（3）每组取样点的反应样品做 3 个平行，DNS 测定各平行样品的还原糖浓度，根据 DNS 结果选择各取样时间还原糖浓度最高的样品进行 TLC 检测。

（4）需做两组对照样品，一组只加底物琼脂糖不加粗酶液，另一组只加粗酶液不加底物琼脂糖。

（5）TLC 样品点板时，为防止样品扩散影响分离效果，需采取少量多次点板的方式，即每次用毛细玻璃管点一滴或者用 2.5μL 移液器点 0.5μL 后，立即用吹风机吹干，然后再点下一滴。

（6）TLC 需在通风橱中进行，溶剂液面不可触及点样区域。

七、应用总结

1.卡拉胶在食品工业中的应用及相比于其他的凝固剂的优点

卡拉胶稳定性强，干粉长期放置不易降解。它在中性和碱性溶液中也很稳定，即使加热也不会水解，但在酸性溶液中（尤其是pH值≤4.0）卡拉胶易发生酸水解，凝胶强度和黏度下降。值得注意的是，在中性条件下，若卡拉胶在高温长时间加热，也会水解，导致凝胶强度降低。所有类型的卡拉胶都能溶解于热水与热牛奶中。溶于热水中能形成黏性透明或轻微乳白色的易流动溶液。卡拉胶在冷水中只能吸水膨胀而不能溶解。基于卡拉胶具有的性质，在食品工业中通常将其用作增稠剂、胶凝剂、悬浮剂、乳化剂和稳定剂等。可应用于果冻、软糖和冰淇淋的制造。

卡拉胶作为一种很好的凝固剂，相比于通常的琼脂、明胶及果胶等，具有一定的优势。以果冻中添加卡拉胶作为凝固剂为例：用琼脂做成的果冻弹性不足，价格较高；用明胶做成果冻的缺点是凝固和融化点低，制备和贮存都需要低温条件；用果胶的缺点是需要加入高溶度的糖和调节适当的pH值才能凝固。卡拉胶没有这些缺点，用卡拉胶制成的果冻富有弹性且没有离水性，因此，其成为制作果冻常用的凝胶剂。

2. 酶结构研究的重要意义及卡拉胶酶的三维结构

一个完整的开放阅读框经过转录和翻译，进一步折叠修饰得到了酶分子，即一个具备三维结构的蛋白质。在生物进化过程中，这些三维蛋白根据功能的不同进化出不同的结构，可以结合相应的底物分子，断裂分子间的化学键从而生成新的产物。那么更加具体形象地描述这个微观过程对于我们更加透彻地了解该类酶的催化过程尤为重要。法国科学家迪德伯格（Otto Dideberg）于2003年首次解析了来源于海洋微生物 *Pseudoalteromonas carrageenovora* 的 κ-卡拉胶酶的三维结构[4]。发现它是一个 β-果冻卷的三维结构域。并成功解析了其催化机制，为更好地了解 κ-卡拉胶酶提供了有力的基础。

---------- **拓展阅读** ----------

迪德伯格（Otto Dideberg），法国结构生物学家，来自法国国家科学研究中心结构生物学研究所。

2003年他首次解析了来源于 *Pseudoalteromonas carrageenovora* 的 κ-卡拉胶酶的三维结构，明晰了 κ-卡拉胶酶的酸碱催化机制，为卡拉胶酶和糖苷水解酶16家族的水解酶相关研究提供了相关基础，具有重要的铺垫意义。迪德伯格近20年一直致力于糖苷水解酶水解机制方面的研究，为糖苷水解酶研究的发展做出了重要贡献。

迪德伯格于青年时代就对糖苷水解酶的催化过程有着浓厚的兴趣，时常思考为何水解酶可以将大分子长链的多糖水解成小分子的寡糖，是什么奇特的机制导致了这一反应过程。

首先，他以大分子卡拉胶多糖为底物用卡拉胶酶进行水解，随反应时间进行取样检测，解析多糖的反应过程。进一步，他想着仅仅是多糖肯定不能说明其水解过程。于是通过水解多糖得到寡糖的混合物之后，又通过柱色谱等分离手段制备了一系列的寡糖。然后以制备的寡糖为底物，研究卡拉胶酶对寡糖的水解过程，结合多糖的水解过程，终于解析了卡拉胶酶的水解模式。但是，这还只是停留在模式探究，还未涉及更深层次的机制研究。于是为了更进一步对水解机制进行研究，他开始高纯酶的制备过程，由于之前并没有相关水解酶晶体结构作为参考，他只能一步一步地摸索试错。最终拿到了可以进行结构解析的高纯酶，实现了第一个糖苷水解酶16家族卡拉胶酶的晶体结构解析。此后，得益于这项工作，糖苷水解酶的晶体结构陆续被解析。

参考文献

[1] Zhu B W, Ni F, Ning L, et al. Cloning and biochemical characterization of a novel κ-carrageenase from newly isolated marine bacterium *Pedobacter hainanensis* NJ-02，International Journal of Biological Macromolecules，2018，108：1331-1338.

[2] Shen J J, Chang Y G, Dong S J, et al. Cloning, expression and characterization of a ι-carrageenase from marine bacterium *Wenyingzhuangia fucanilytica*：A biocatalyst for producing ι-carrageenan oligosaccharides，Journal of Biotechnology，2017，259：103-109.

[3] Sun H H, Gao L，Xue C H，et al. Marine-polysaccharide degrading enzymes：Status and prospects. Comprehensive Reviews in Food Science and Food Safety，2020：1-30.

[4] Michel G，Chantalat L，Duee E，et al. The κ-carrageenase of *P. carrageenovora* features a tunnel-shaped active site：A novel insight in the evolution of Clan-B glycoside hydrolases. Structure，2001，9（6）：513-525.

实验 2-3
裂解酶降解海藻酸钠反应模式研究

褐藻是生活中最为常见、应用最为广泛的一种海洋藻类，如我们经常食用的海带、裙带菜等就是典型的褐藻类植物，褐藻中含有大量的维生素及无机盐类，可作为补充营养的副食品。另外，由于褐藻细胞壁中富含褐藻胶，具有一定的凝胶性等特性，也经常作为食品添加剂应用于食品行业，也可用于纺织工业、橡胶工业及其他工业。值得一提的是，由于人类肠道缺乏利用褐藻的相关酶系，褐藻多糖只能作为膳食纤维在人体内起到促进肠道蠕动的作用，这就使得褐藻多糖无法发挥其生物活性，造成"资源浪费"。而经研究发现，自然界中存在着能够降解利用褐藻多糖的微生物，其中起到关键性降解作用的即为褐藻胶裂解酶。那负责降解褐藻多糖的褐藻胶裂解酶是如何发挥作用的呢？其降解褐藻多糖的产物是什么？降解褐藻多糖的过程有什么特点呢？本实验就围绕着褐藻胶裂解酶降解褐藻多糖而展开，以便了解如何利用褐藻胶裂解酶实现褐藻胶降解。

一、实验目的

（1）学习并掌握酶活测定、薄层色谱、高效液相色谱等测定方法。
（2）通过实验结果分析并描述褐藻胶裂解酶的多糖降解产物及降解过程特点。
（3）通过实验设计和结果分析推断并描述褐藻胶裂解酶的底物降解模式。

二、实验原理

藻类作为海洋中最丰富的资源之一，被认为是许多生理活性物质的重要来源，如多糖、多肽、脂质、氨基酸、多酚和矿物盐等。其中，海藻多糖具有十分优越的生物活性，如抗氧化、抗肿瘤、抗炎、提高免疫力等，已被广泛应用于食品、医药、化妆品等领域。作为世界三大藻类（红藻、绿藻、褐藻）之一的褐藻，生物量巨大，其中的主要多糖成分包括褐藻胶、葡聚糖和甘露醇，其中，甘露醇和葡聚糖的利用过程较为简单，能够被自然界的微生物充分利用，而褐藻胶不仅在褐藻中的含量高（占干重30% ～ 60%）且利用过程复杂，因而成为实现褐藻全利用的关键。绿色、高效地降解褐藻胶是实现褐藻胶高值化利用的关键一步，也是目前的研究热点。

海藻酸钠是多糖褐藻胶的一种海藻酸盐，其是由β-D-甘露糖醛酸（mannu-ronate，M）和α-L-古罗糖醛酸（guluronate，G）两种糖醛酸通过1,4-糖苷键相连所形成的一种线性高分子多糖。如图2-3-1所示，在海藻酸钠的多糖分子链中，M和G两种单糖单元以任意顺序排列，从而在多糖链中形成三种多糖片段，分别为聚甘露糖醛酸片段（poly M）、聚古罗糖醛酸片段（poly G）和杂合片段（poly MG）。相对应地，在褐藻胶多糖链中存在四种糖苷键，即双平伏键MM，双直立键GG，平伏键-直立键MG，直立键-平伏键GM。

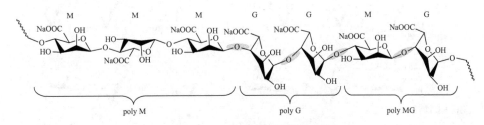

图2-3-1　海藻酸钠的结构

褐藻胶裂解酶是裂解海藻酸钠的关键酶[1]，它可以通过β-消除机制裂解海藻酸钠多糖分子链，并且在非还原端C4、C5之间形成碳碳双键，从而得到相应的不饱和褐藻寡糖，一般情况下，我们将不饱和的褐藻单糖单元标记为 Δ。从图2-3-2中可以看到，经过褐藻胶裂解酶的降解，可以得到相应的饱和与不饱和褐藻寡糖。为进一步了解褐藻胶裂解酶的降解机制，可从电子转移、化学键形成等方面进一步研究。

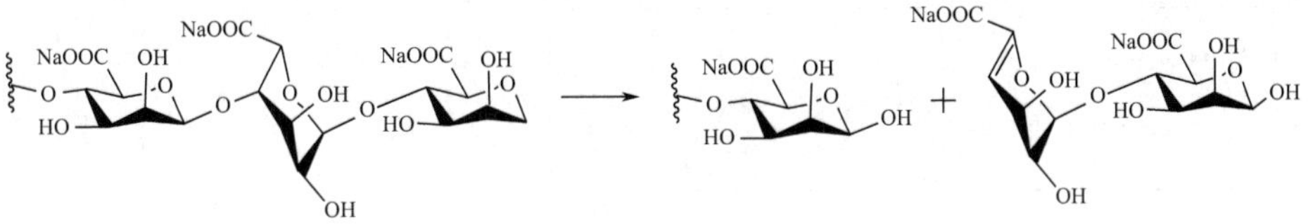

图2-3-2　褐藻胶裂解酶降解示意图

褐藻胶裂解酶分布广泛，主要来源于海藻、海洋软体动物、细菌、真菌、病毒等，且根据其不同特点有多种分类方式。目前，CAZy数据库将褐藻胶裂解酶归类于12个多糖裂解酶家族，根据底物特异性，可将褐藻胶裂解酶分为poly M、poly G和poly MG特异性的三种褐藻胶裂解酶，它们分别对三种多糖片段展现出较强的底物偏好性；根据酶切方式，则可以将其分为内切型、外切型褐藻胶裂解酶两种，其中，内切型褐藻胶裂解酶从多糖链内部进行切割，生成多种聚合度的寡糖混合物，而外切型褐藻胶裂解酶则是从多糖链一端依次切下单糖或二糖，产物单一（图2-3-3）。

• ① 根据底物特异性分类：

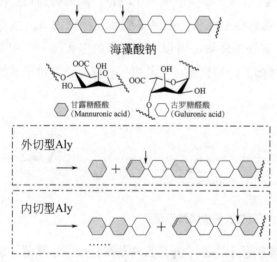

图2-3-3　褐藻胶裂解酶的分类方式及作用特点

本实验中所用的是褐藻胶裂解酶[2]，通过发酵可得具有裂解活性的褐藻胶裂解酶，它可以裂解海藻酸钠得到相应褐藻寡糖产物。根据DNS显色法或测定产物在235nm吸光值的方法可以测定其酶解效率；通过薄层色谱（TLC）可观察其产物聚合度分布，进而确定产物种类和褐藻胶裂解酶的酶切方式。

通过对本实验中褐藻胶裂解酶的研究，可初步掌握研究褐藻胶裂解酶降解褐藻多糖特点的基本思路。

三、实验器材

1.实验材料

（1）LB培养基：0.5%酵母粉，1.0%蛋白胨，1.0% NaCl。

（2）磷酸氢二钠-磷酸二氢钠（PBS）缓冲液：配制适量0.2mol/L磷酸氢二钠溶液（a）和0.2mol/L磷酸二氢钠溶液（b），pH计校准到相应标准pH。

（3）海藻酸钠底物溶液：以50mmol/L pH7.0的 NaH_2PO_4-Na_2HPO_4 缓冲液为溶剂，配制质量浓度为3g/L的海藻酸钠溶液。

（4）DNS试剂：购买。

（5）薄层色谱展开剂：正丁醇∶甲酸∶水=4∶6∶1（体积比）

（6）苯胺-二苯胺染色剂：丙酮100mL，盐酸1mL，苯胺2mL，二苯胺2g，85%磷酸10mL（充分溶解混匀后避光保存）。

2.实验仪器

（1）摇床：用于工程菌发酵培养。

（2）冷冻离心机：用于离心收集菌体或粗酶液上清液。

（3）超声破碎仪：用于菌体破碎获得粗酶液。

（4）水浴锅：用于40℃酶解反应。

（5）电磁炉：用于煮沸样品灭活及DNS显色。

（6）分光光度计：用于测定DNS显色后OD值。

（7）色谱缸：用于TLC展开。

（8）烘箱：用于TLC高温显色。

四、实验方法

1.制备褐藻胶裂解酶

培养褐藻胶裂解酶工程菌株，离心收集菌体，用pH8.0的缓冲液重悬菌体，超声破碎至液体澄清透明，离心取上清液，冻干得褐藻胶裂解酶粗酶粉。

2.褐藻胶裂解酶酶活测定

DNS显色法测定还原糖含量：取适量样品，按样品∶DNS试剂为2∶3的比例向样品中加入DNS试剂，沸水浴5min，冷水冷却，测定540nm处吸光度，根据D-半乳糖标准曲线测定反应液还原糖含量，计算产物浓度与酶活。各实验小组根据"术语"中标准曲线的定义设计实验，用D-半乳糖测定还原糖含量标准曲线。

以3g/L的海藻酸钠溶液为底物进行反应，按DNS显色法验证其褐藻胶裂解酶活性，若出现颜色变化说明此酶具有裂解酶活性，根据OD值可计算酶活。

3.褐藻寡糖产物制备[3]

以pH7.0的PBS缓冲液作为溶剂，配制质量浓度为3g/L的海藻酸钠底物溶液，取0.5mL底物溶液，加入适量褐藻胶裂解酶，置于40℃进行反应，1h后取出，沸水浴5min终止反应，离心取上清液，上清液即为褐藻胶裂解酶降解海藻酸钠所得的褐藻寡糖产物溶液。

4.TLC法检测降解产物

用移液枪将反应产物等量点样到色谱板上，吹干后置于展开剂（正丁醇∶甲酸∶水=4∶6∶1）中展开，约1h后吹干色谱板，均匀浸入苯胺-二苯胺染色液，吹干后置于115℃烘箱15min进行显色。以寡糖标准品指示的位置可观察得产物分布。

本实验流程如图2-3-4所示。

五、实验报告

实验报告统一格式。

1.基本信息

课程名称				成绩	
姓名		学号		专业年级	
授课教师		时间		地点	
实验题目					
小组成员贡献度评价（各成员贡献度之和为100%）；小组共（　　　）人					
姓名					
贡献度					

2.实验结果

实验报告中应包含以下内容。

（1）DNS显色法测定酶活后，若发生颜色变化，则说明此酶可降解海藻酸钠生成小分子量的寡糖，也即表明该酶具有褐藻胶裂解酶活性，通过计算可得其酶

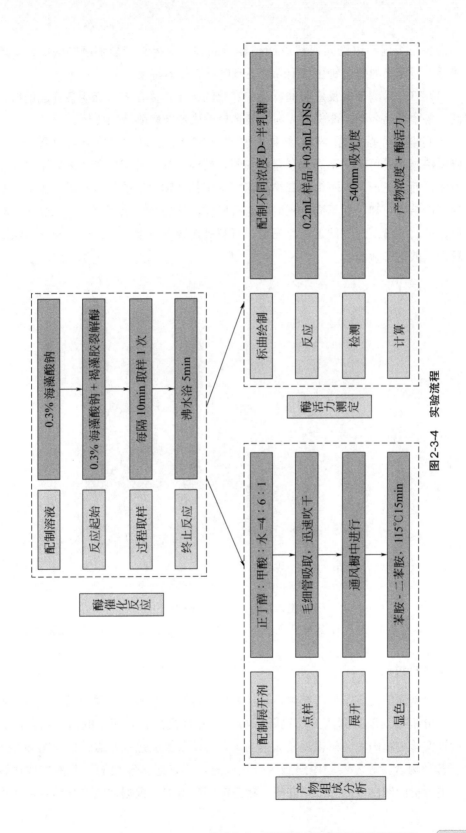

图2-3-4 实验流程

活。请各小组同学讨论如何利用DNS标准曲线计算褐藻胶裂解酶的酶活力（单位酶活力可定义为每分钟生成1μmol还原糖所需要的酶量）。

（2）TLC检测不同反应时间样品中寡糖的结果，需在图中标明各样品的取样时间、各个标品名称，图例中需写清楚选择的底物与粗酶液的比例。

本实验中可能出现的TLC结果示例如图2-3-5。通过TLC结果可以看出，该酶降解海藻酸钠可产生不同分子量的褐藻寡糖混合物，说明该酶为内切型褐藻胶裂解酶；而其主产物为不饱和二糖，这显示出其产物生成的特点。进一步地，从图显示的结果可知，在不同反应时间进行取样，该酶在反应初期生成二糖、四糖等偶数糖，随着反应时间延长，三糖、五糖等奇数糖出现。这进一步展现了该酶降解海藻酸钠的特点。

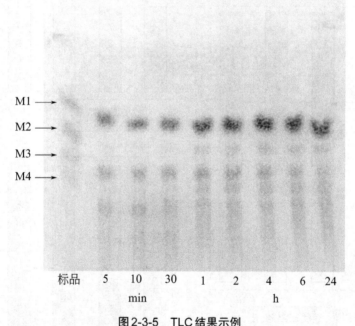

图2-3-5　TLC结果示例

M1：甘露糖醛酸；M2：甘露糖醛酸二糖；M3：甘露糖醛酸三糖；M4：甘露糖醛酸四糖

3.分析讨论

请根据你的反应条件与结果，分析该酶解过程，并根据不同小组之间的结果比对，分析褐藻胶裂解酶的产物降解特点。并且根据TLC初步的试验结果，尝试设计实验更精确地分析褐藻胶裂解酶降解海藻酸钠的过程特点，如产物种类变化、各产物含量等。实验中遇到了什么问题，你是怎么解决的？若尚未成功解决，请分析问题出现的原因，并提出相应的解决方案。根据你的实验结果，回答以下问题。

（1）在海藻酸钠的降解产物中包括哪几种寡糖？哪种寡糖含量最高？

（2）根据产物分布特点，该褐藻胶裂解酶是内切酶还是外切酶？

（3）根据时间取样分析结果，如何描述该酶的降解过程？是否表现出明显降解规律？

（4）对于该实验，你认为可以如何进一步补充完善？

六、实验小结

> **术语：**
>
> 褐藻胶裂解酶：通过β-消除机制降解褐藻胶并可得到具有生物活性的褐藻寡糖[4]。
>
> 褐藻寡糖：包括饱和褐藻寡糖与不饱和褐藻寡糖两种，化学法降解可得饱和寡糖，由褐藻胶裂解酶裂解生成的为不饱和寡糖。
>
> 标准曲线：分析检测中的标准曲线是指一系列已知含量（浓度/量）的物质与仪器响应/信号之间的关系。

（1）海藻酸钠溶解效果不好，易形成块状物，因此，在溶解海藻酸钠时可采用机械搅拌、加热等方式加速海藻酸钠溶解，直至形成均匀透明状态。

（2）测定褐藻胶裂解酶酶活时，底物分装到各EP管后，需提前放到水浴锅中预热，以保证实验准确性。

（3）每组实验必须设置空白对照，做三次平行试验，以保证数据准确性。

（4）TLC上样时采取少量多次的方法以保证展开效果，同时通过使用移液枪，保证每个时间点上样量一致。

七、应用总结

1.海藻酸钠的应用

海藻酸钠是一种天然多糖，具有稳定性、成胶性、溶解性等物理特性，并且安全性高，因此海藻酸钠在食品、医药、化妆品等行业应用十分广泛。比如，海藻酸钠可以作为冰淇淋的稳定剂，控制冰晶的形成，改善冰淇淋的口感，在面包中添加海藻酸钠可以改善面包内部组织的持水性和均一性，从而延长贮藏时间；在医药行业，海藻酸钠可以用作片剂的黏合剂，也可以作为崩解剂进行使用，现在很多止血剂也用到了海藻酸钠，如止血海绵、止血创可贴等。想要更进一步了解海藻酸钠的具体应用，请同学们查阅相关文献认真学习。

2.褐藻寡糖的生理活性

研究发现，褐藻寡糖具有十分重要的生理活性，比如提高免疫力、抗肿瘤、抗高血压、抗菌、抗氧化、抗炎、抗肥胖等，生理活性发挥的具体机制请进一步通过参考文献进行自主学习。

拓展阅读

管华诗　中国工程院院士，中国海洋大学校务委员会名誉主席、学术委员会主任，教授、博士生导师，国家海洋药物工程技术研究中心主任，青岛海洋生物医药研究院院长。主持编著中国首部大型海洋药物典籍《中华海洋本草》，为我国海洋中药的研发奠定了坚实资料基础。荣获国家技术发明一等奖、全国科技大会奖、国家科技进步三等奖、山东省科技进步一等奖、山东省最高科学技术奖、教育部技术发明一等奖、何梁何利奖等国家和省部级科技奖十余项。

管华诗院士长期从事海洋药物及海洋生物资源综合开发利用的教学科研工作，先后主持或参与"海藻提碘新工艺的工程化"研究、"海带提碘联产品-褐藻胶、甘露醇再利用"重大研究课题，研制成功"农业乳化剂"等四个新产品并相继投产。首创中国第一个现代海洋药物藻酸双酯钠（PSS），后相继成功研制了甘糖酯、海力特和降糖宁散等3个海洋新药和系列生物功能制品，且均实现产业化。

2019年，甘露特纳胶囊（GV-971）的上市注册申请获国家药品监督管理局有条件批准。GV-971这一以海洋褐藻提取物为原料制备获得的低分子酸性寡糖化合物，是我国自主研发并拥有自主知识产权的创新药，填补了17年来抗阿尔茨海默病领域无新药上市的空白。而"971"的立项研发正是于1997年由管华诗院士率领的团队原创性提出的，历经22年终获成功。

自2005年，管华诗团队就构建了海洋糖库。它主要包括以褐藻胶、卡拉胶、琼胶、壳聚糖为原料制备出的纯度高、结构清楚的海洋寡糖化合物和糖缀合物600余个，其中70%是世界首次发现。"梦想就是打造中国的'蓝色药库'。"管华诗说。向海问药，由中国海洋大学主导的"蓝色药库"开发计划正不断从浩瀚大海中发掘生物医药资源，造福人类。

参考文献

[1] Cheng D Y，Jiang C C，Xu J C，et al. Characteristics and applications of alginate lyases：A review[J]. International Journal of Biological Macromolecules，2020，164：1304-1320.

[2] Cheng D Y，Liu Z，Jiang C C，et al. Biochemical characterization and degradation pattern analysis of a novel PL-6 alginate lyase from *Streptomyces coelicolor* A3（2）[J]. Food Chemistry，2020，323：126852.

[3] Liu J，Yang S Q，Li X T，et al. Alginate oligosaccharides：production，biological activities，and potential applications[J]，Comprehensive Reviews in Food Science and Food Safety，2019，18：1859-1881.

[4] 李谦，胡富，宁利敏，等. 褐藻胶裂解酶的结构及催化机制研究进展[J]. 生物加工过程，2020，18（5）：592-598.

实验 2-4
甲壳素酶与甲壳素的反应模式研究

甲壳素广泛存在于虾、蟹的外壳以及昆虫的外骨骼中，是自然界中产量仅次于纤维素的生物大分子多糖。据报道，全世界每年产生约 600 ~ 800 万吨甲壳类废弃物，易造成环境污染，因此，迫切需要将甲壳类废弃物生物材料转化为增值产品。但甲壳素结构致密，导致高度不溶性，限制了其在各领域中的应用。其降解产物具有良好的溶解性，并具有抗菌和抗氧化等生物活性。那么目前降解甲壳素的技术有哪些？其中环境友好，条件温和，产物单一的降解技术是什么？甲壳素通过此方法又会变成什么产物？

一、实验目的

（1）通过实验设计与结果分析掌握并描述酶与底物反应时间对酶催化反应的影响。

（2）通过结果分析掌握并描述甲壳素酶的底物降解模式。

二、实验原理

如图 2-4-1 所示，甲壳素酶是专一性断裂甲壳素链 β-1,4-糖苷键的糖苷水解酶。基于甲壳素酶作用于甲壳素分子链的位置不同，甲壳素酶分为内切甲壳素酶（EC 3.2.1.14）、外切甲壳素酶（EC 3.2.1.29）和 N-乙酰氨基葡萄糖苷酶（EC 3.2.1.30）。迄今为止，在动物、植物、微生物等各种生物体中都发现了甲壳素酶的存在。甲壳素酶应用广泛，例如被用于水解制备不同聚合度甲壳寡糖或 N-乙酰氨基葡萄糖[1,2]，在食品、医药以及农业等领域都有巨大的应用潜力。甲壳寡糖可以作为食品添加剂加入功能性食品中，改善食品的口感和功能性品质。N-乙酰氨基葡萄糖可以辅助治疗炎症，如溃疡性结肠炎、胃肠炎和骨关节炎。甲壳二糖可用作抗菌剂和螯合剂。甲壳寡糖可以抑制生物体内蛋白质和 DNA 氧化，具有抗血管生成和抗肿瘤活性。其中，甲壳六糖的抗肿瘤效果最好。此外甲壳寡糖存在亲水基团，保湿性好，且抑菌性好，具有作为新型护肤品开发原料的潜力。甲壳寡糖不但不会对农作物本身、人体及外部环境产生危害，而且可以作为植物的生长调节剂，防止病虫害的发生，可以作为新型环保的生物农药。甲壳寡糖具有提高机体免疫力、抑菌、改善肠道菌群平衡等功能，加快畜禽类的生长速度、提高肉的质量，可以作为饲料添加剂制备新型多功能饲料。目前，甲壳素酶的研究已经从单纯的克隆测序发展到了研究其结构和功能的关系。这些研究可以对甲壳素酶的应用起到重要的指导作用。

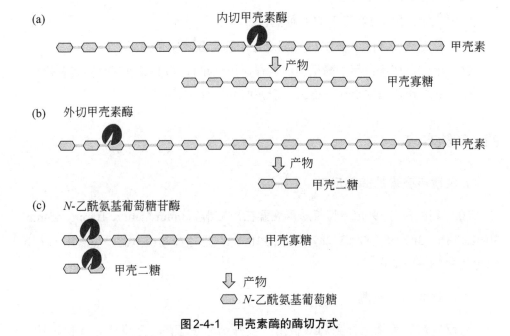

图2-4-1　甲壳素酶的酶切方式

本实验所用的甲壳素酶最小的酶切单位为甲壳三糖，在反应体系中酶与底物作用的不同时间，通过DNS法可以测定酶解效率，通过薄层色谱（TLC）检测可以分离样品，测定酶解不同时间得到的甲壳寡糖的聚合度。

三、实验器材

1. 实验材料

（1）甲壳素酶SbChiAJ143粗酶液。

（2）10g/L胶质甲壳素（浓盐酸4℃处理24h的甲壳素）。

（3）DNS试剂。

（4）薄层色谱用硅胶板。

（5）薄层色谱用展开剂：正丁醇、乙酸和水（体积比=2∶1∶1）。

（6）薄层色谱用显色剂：二苯胺1g，苯胺1mL，85%磷酸5mL，盐酸0.5mL，丙酮50mL。

2. 实验仪器

（1）水浴锅：用于维持55℃酶解反应。

（2）电磁炉：用于样品沸水浴，结束酶解反应以及DNS显色反应。

（3）色谱缸：用于薄层色谱。

（4）烘箱：用于120℃下TLC板显色。

（5）分光光度计：用于DNS法测定还原糖含量的比色分析。

（6）毛细玻璃管：用于薄层色谱点样，可用量程10μL或以下的移液器代替。

（7）吹风机：用于薄层色谱点样时及时吹干样品。

四、实验方法

1. 胶质甲壳素的酶解反应

10μL粗酶液与190μL 1%胶质甲壳素在55℃孵育0min、5min、10min、15min、30min、1h、3h、6h、9h和12h，沸水浴10min，迅速冷却至室温，然后用TLC和DNS对产物进行测定。

2. 产物的TLC检测

将反应产物等量上样到TLC板上，展开剂为正丁醇、乙酸和水（体积比为2：1：1）；之后向板上均匀喷洒显色剂（二苯胺1g，苯胺1mL，85%磷酸5mL，盐酸0.5mL，丙酮50mL），再将板放置在120℃显色10min，通过TLC上的显色斑点判断水解产物。

3. 产物中还原糖含量的测定

向反应后体系0.20mL中加入0.30mL DNS试剂，沸水浴10min，冷水冷却，加入1mL水混匀，10000g离心1min，测定540nm处吸光度，根据N-乙酰氨基葡萄糖标准曲线测定反应液还原糖含量，计算产物浓度与酶活力。各实验小组根据标准曲线的定义设计实验，用N-乙酰氨基葡萄糖测定还原糖含量标准曲线。

本实验流程如图2-4-2所示。

五、实验报告

实验报告统一格式。

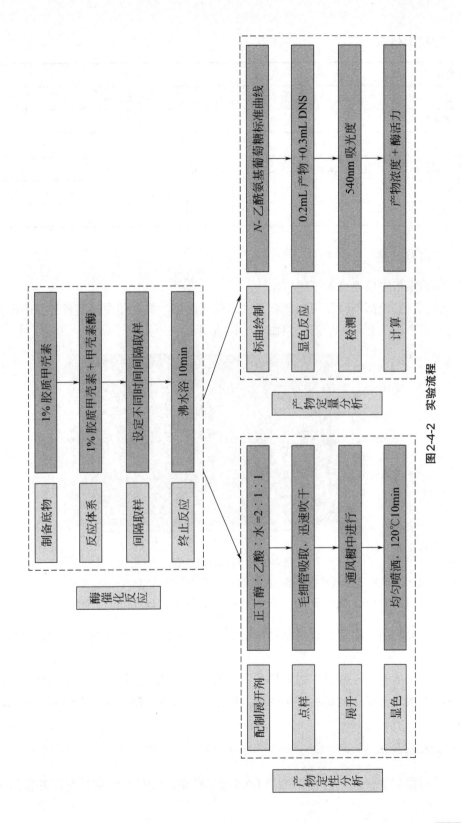

图2-4-2 实验流程

1. 基本信息

课程名称			成绩	
姓名	学号		专业年级	
授课教师	时间		地点	
实验题目				
小组成员贡献度评价（各成员贡献度之和为100%）；小组共（　　　）人				
姓名				
贡献度				

2. 实验结果

实验报告中应包含如下内容。

（1）TLC检测不同反应时间样品中寡糖的结果，需在图中标明各样品的取样时间，各个标品名称。示例结果如图2-4-3所示。

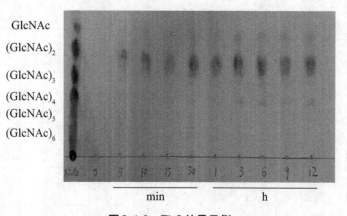

图2-4-3　TLC结果示例

GlcNAc：N-乙酰氨基葡萄糖；(GlcNAc)$_2$：甲壳二糖；(GlcNAc)$_3$：甲壳三糖；
(GlcNAc)$_4$：甲壳四糖；(GlcNAc)$_5$：甲壳五糖；(GlcNAc)$_6$：甲壳六糖

（2）标准曲线测定实验的原始数据表格，绘制的标准曲线图，计算得到的标准曲线公式。

（3）DNS检测不同反应时间样品中还原糖的浓度，包括原始数据表格，绘制的还原糖浓度随反应时间的变化曲线。作图需使用平均值，并展示误差棒（error bar）。

3. 分析讨论

请根据你的反应条件与TLC及DNS检测结果，分析该酶解过程，并根据不同小组之间的结果比对，分析酶解时间对酶催化反应的影响。实验中遇到了什么问题，你是怎么解决的？若尚未成功解决，请分析问题出现的原因，并提出相应的解决方案。

根据实验结果，回答以下问题。

（1）此甲壳素酶水解胶质甲壳素的产物中，都包含哪些寡糖？哪种寡糖含量较多？

（2）描述此甲壳素酶水解胶质甲壳素反应中产物的变化过程。

（3）还原糖浓度随反应时间的变化趋势是怎样的？根据TLC的结果，分析产生该变化趋势的原因。

（4）比较不同组之间的结果，当底物量相同时，提高酶的添加量，对产物的组成有没有影响？对还原糖浓度的变化趋势有没有影响？为什么？

（5）你对本实验有什么建议？你还想进行哪些其他实验？

六、实验小结

术语：

甲壳素：又名几丁质，是N-乙酰氨基葡萄糖单元通过β-1,4-糖苷键连接而成的线性大分子聚合物[1]。

甲壳素酶：是一种催化甲壳素水解的糖苷水解酶，其专一性催化甲壳多糖或寡糖中β-1,4-糖苷键的水解[3]。

甲壳寡糖：是甲壳素部分降解的产物，是一类由N-乙酰氨基葡萄糖通过β-1,4-糖苷键连接起来的低聚合度水溶性的糖类[3]。

N-乙酰氨基葡萄糖苷酶：催化内切、外切甲壳素酶解产物（甲壳低聚糖和甲壳二糖）的降解，最终产生N-乙酰氨基葡萄糖[4]。

（1）反应时建议首先将1%胶质甲壳素在55℃预热5min，然后加入粗酶液后开始计时，这样可最大程度保证反应在设定的温度条件下进行。

（2）建议同时做10组样品，在规定时间取出一个，以避免反复取样影响反应效果。

（3）每组取样点的反应样品做3个平行，DNS测定各平行样品的还原糖浓度，根据DNS结果选择各取样时间还原糖浓度最高的样品进行TLC检测。

（4）TLC样品点板时，为防止样品扩散影响分离效果，需采取少量多次点板的方式，即每次用毛细玻璃管点一滴后，立即用吹风机吹干，然后再点下一滴。

（5）TLC需在通风橱中进行，展开剂液面不可触及点样区域。

七、应用总结

1.甲壳素制备过程（以虾副产物为例）

目前，国内外对从虾副产物中制备甲壳素及其衍生物已经进行了大量的研究。由于虾头中甲壳素与蛋白质、钙盐紧密结合在一起，若从中制备甲壳素，需脱除蛋白质和钙盐。传统的化学法主要采用"碱脱蛋白、酸脱钙"的方式进行处理。Percot 等人使用 0.25mol/L HCl［1∶40（质量体积比）］室温处理虾头 15min 脱钙，再用 1 mol/L NaOH［1∶15（质量体积比）］70℃下处理脱钙残渣 24h 进行脱蛋白，最后制备得到灰分含量少于 0.01%，乙酰度为 95% 的甲壳素[5]。

由于化学法存在污染大、设备腐蚀性强、产品质量低等缺点，目前国内外进行了不少用生物酶法、发酵法处理虾副产物，提取甲壳素的研究。Hongkulsup 等人使用蛋白酶脱除南美白对虾虾头蛋白，再用乙酸脱钙，制备甲壳素，脱蛋白率、脱钙率分别达 91%、98%[6]。Liu 等人使用地衣芽孢杆菌（*Bacillus licheniformis*）和 *Gluconobacter oxydans* 对虾头进行双菌混合发酵，成功制备得到呈现多孔层状组织和裂隙密集微观结构的甲壳素[7]。

2.甲壳素在自然界中晶型存在形式

甲壳素根据其在自然界中的晶型存在形式，可分为 α- 甲壳素、β- 甲壳素和 γ- 甲壳素[8]。α- 甲壳素多存在于虾蟹类动物中，含量最丰富，其甲壳素链呈反平行排列，结晶度较高，化学性质极为稳定；β- 甲壳素多存在于软骨类动物（乌贼骨头）中，其甲壳素链平行排列，结晶度较低，其亲水性和柔软性优于 α- 甲壳素；γ- 甲壳素则既有平行排列也有反平行排列[9]。

尝试根据描述简要画出这三种晶型示意图。

3.甲壳素衍生物的种类及制备的意义

自然状态下，甲壳素衍生物主要包括壳聚糖 [(GlcN)$_n$]、甲壳寡糖 [(GlcNAc)$_n$]、*N*- 乙酰氨基葡萄糖 (GlcNAc)、壳寡糖 [(GlcN)$_n$] 和氨基葡萄糖 (GlcN)。

极差的溶解性限制了甲壳素的应用。甲壳素衍生物的制备有着较大的意义。壳聚糖能溶于弱酸，由于具有更好的溶解性，壳聚糖相较甲壳素有着更为广泛的应用。水相中，因含有氨基而带正电的壳聚糖较甲壳素也更易与带负电荷的大分子聚合物发生反应。甲壳寡糖和壳寡糖则分别为甲壳素和壳聚糖经水解后聚合度小于 20 的寡糖，由于具有分子量小、水溶解性高等优点，以及抗肿瘤、降血压、增强免疫力等药理功能活性，甲壳寡糖和壳寡糖在医药、保健品、食品等领域有了更大的应用价值。

4. 甲壳素与壳聚糖的区别与联系

壳聚糖是甲壳素经脱乙酰后的产物，一般认为，当脱乙酰度高于50%时，即可称为壳聚糖。甲壳素、壳聚糖的结构式如图2-4-4所示。

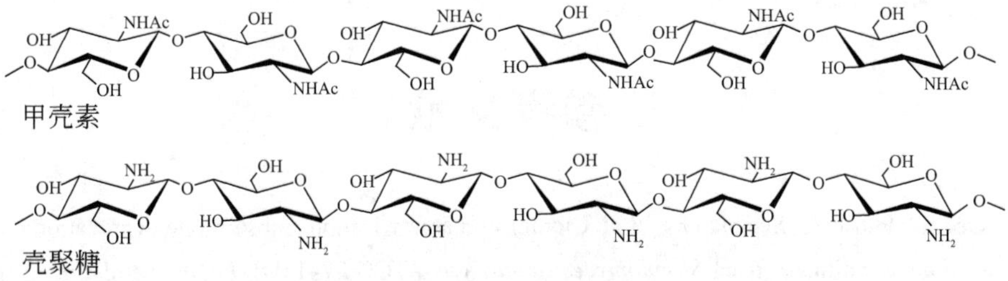

图2-4-4　甲壳素和壳聚糖结构式

甲壳素和壳聚糖具有抑菌、抗氧化、止血及促进伤口愈合、清除金属离子等功效，因此在医药、化妆品、化工、纺织、食品、污水处理等行业得到广泛应用。

在工业上甲壳素可做布料、染料、纸张等；在农业上可做杀虫剂、植物抗病毒剂；医疗上可做人工皮肤、缝合线、人工透析膜和人工血管等。壳聚糖在食品工业中可作为黏结剂、保湿剂、包装材料，在化妆品中可作为抑菌、保湿材料，在医药领域可作药用辅料、崩解剂、增稠剂等。

拓展阅读

中国科学院院士、武汉大学化学与分子科学学院教授张俐娜，致力于研究可再生资源纤维素和甲壳素的"绿色"利用，专注破解世界难题。

张俐娜留学回国后，当时国内的科研条件有限，只有一张桌子和一个试验台，连必需的玻璃器皿都要自己掏钱去置备。面对如此艰苦的科研环境，她克服了重重困难，闯过个个难关，攻克数个难题，把全部精力投入到生物质资源"绿色"技术研究中，最终取得了一系列创新性的成果，发现了纤维素和甲壳素在水、尿素和氢氧化钠的混合溶液中可低温溶解，开创了一项无毒、低成本的"绿色"溶解技术，并于2011年12月9日当选为当年唯一女院士，同年也获得了可再生资源材料领域的最高奖——美国化学会安塞姆·佩恩奖，成为首位获得该奖的中国科学家。

这些成果的取得源自她对科研的热爱，更是源自她为国效力的赤诚之心。她把自己的一生都奉献给祖国的科技研究和教育事业中。她夜以继日、奋力拼搏，不仅精心于科研，还耕耘在教学一线，坚持为本科生上课，生前还为中学生上了一堂生动的"绿色化学"科普课。她常鼓励学生"中国人应该做自己的创新工作，而且在做基础研究时还要考虑应用前景，这样才对国家、对人民有用，也才会有科研激情和动力"。

参考文献

[1] Gao L，Sun J N，Secundo F，et al. Cloning，characterization and substrate degradation mode of a novel chitinase from *Streptomyces albolongus* ATCC 27414[J]. Food Chemistry，2018，261：329-336.

[2] 邢爱佳，马磊，薛长湖，等. 杆菌状链霉菌甲壳素酶基因的克隆表达及重组酶酶学性质研究[J]. 中国海洋大学学报（自然科学版），2022，52：62-71.

[3] Sun H H，Gao L，Xue C H，et al. Marine-polysaccharide degrading enzymes：Status and prospects[J]. Comprehensive Reviews in Food Science and Food Safety，2020，19：2767-2796.

[4] Hamid R，Khan M A，Ahmad M. Malik Mobeen Ahmad，Malik Zainul Ahmad，Javed Ahmad，Saleem Ahmad，Chitinases：An update[J]. Journal of Pharmacy and Bioallied Sciences，2013，5（1）：21-27.

[5] Percot A，Viton C，Domard A. Optimization of chitin extraction from shrimp shells[J]，Biomacromolecules，2003，4（1）：12-18.

[6] Hongkulsup C，Khutoryanskiy V V，Niranjan K. Enzyme assisted extraction of chitin from shrimp shells（*Litopenaeus vannamei*）[J]. Journal of Chemical Technology and Biotechnology，2016，91（5）：1250-1256.

[7] Liu P，Liu S S，Guo N，et al. Cofermentation of *BacillusLicheniformis* and *Gluconobacter oxydans* for chitin extraction from shrimp waste[J]. Biochemical Engineering Journal，2014，91：10-15.

[8] Kumirska J，Weinhold M X，Thöming J，et al. Biomedical activity of chitin/chitosan based materials-influence of physicochemical properties apart frommolecular weight and degree of *N*-acetylation[J]. Polymers，2011，3（4）：1875-1901.

[9] Jang M K，Kong B G，Jeong Y I，et al. Physicochemical characterization of α-chitin，β-chitin，and γ-chitin separated from natural resources[J]. Journal of Polymer Science Part A Polymer Chemistry，2004，42（14）：3423-3432.

实验 2-5

壳聚糖酶降解壳聚糖反应模式研究

虾蟹营养美味的肉质被食用后，产生大量的虾蟹壳废弃物。殊不知，虾蟹壳里蕴含着丰富的"宝藏"，其中40%左右是极具价值的甲壳类多糖，壳寡糖作为其降解后的一种小分子功能活性物质，具有广泛的用途。那么从甲壳类聚糖物质到小分子寡糖，中间要经过怎样的步骤呢？负责降解它们的是什么酶呢？它们被降解后又会形成什么产物呢？所使用的特异性工具酶又具有怎样的切割模式呢？

一、实验目的

（1）掌握壳聚糖的结构以及壳聚糖酶的分类。
（2）掌握酶在生化反应中的作用。
（3）通过实验设计与结果分析掌握并描述酶与底物比例对酶催化反应的影响。
（4）通过结果分析掌握并描述壳聚糖酶的底物降解模式。

二、实验原理

壳聚糖是一种阳离子碱性多糖，不溶于水，易溶于稀酸，由 N-乙酰氨基葡糖（GlcNAc）以及 D-氨基葡萄糖（GlcN）通过 β-1,4-糖苷键连接而成。壳寡糖作为壳聚糖的降解产物具有比壳聚糖更丰富和优越的生物活性功能。如图 2-5-1 所示，壳聚糖酶（EC 3.2.1.132）是一种催化水解壳聚糖中 β-1,4 糖苷键生成壳寡糖的专一性糖苷水解酶。根据氨基酸序列相似性，壳聚糖酶被分为 6 个家族，分别是 GH5、GH7、GH8、GH46、GH75 和 GH80[1]。其中，属于 GH46、GH75 和 GH80 家族的壳聚糖酶具有更严格的底物特异性，这些成员一般只能水解壳聚糖，而对其他底物没有水解作用。而 GH5 和 GH7 家族的壳聚糖酶除了具有壳聚糖酶的活性，还具有纤维素酶活性、木聚糖酶活性和甘露聚糖酶活性等。此外，根据作用方式，可将壳聚糖酶划分为内切型和外切型[2]。内切型壳聚糖酶在糖链任意位置随机进行切割，产生聚合度不同的寡糖混合物。外切型壳聚糖酶则是从糖链的非还原端依次切下氨基葡萄糖单体进行水解，能降解的最小底物是壳二糖[3]。许多壳聚糖酶基因已经从不同细菌中克隆出来，并且成功进行了外源表达和研究。随着基因工程及分子生物学等相关技术的不断发展，需要对壳聚糖酶在提高酶活、产生单一聚合度产物、明确结构和功能关系等方向上不断深入研究，为科研和工业发展提供有力的支持。

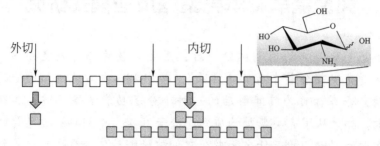

图 2-5-1　壳聚糖的结构与壳聚糖酶的作用位点

本实验所用的壳聚糖酶属于GH46家族，可酶解壳聚糖生成壳寡糖，在反应体系中通过优化酶与底物的比例，便可以利用尽可能少的壳聚糖酶得到尽可能多的壳寡糖。通过DNS法可以测定酶解效率，通过薄层色谱（TLC）检测可以分离样品，测定酶解得到壳寡糖的聚合度。

三、实验器材

1.实验材料

（1）壳聚糖酶OUC-CsnQB粗酶液。

（2）pH 5.0的0.5%壳聚糖溶液（0.25%醋酸溶液溶解后用NaOH调pH）。

（3）D-氨基葡萄糖以及DNS试剂。

（4）薄层色谱用硅胶板。

（5）薄层色谱用展开剂：正丁醇、甲醇、氨水和水（或异丙醇和氨水）。

（6）薄层色谱用显色剂：丙酮、磷酸、苯胺、二苯胺和盐酸（或茚三酮和95%的乙醇）。

2.实验仪器

（1）水浴锅：用于维持壳聚糖酶在最适酶解温度下反应。

（2）电磁炉：用于样品进行沸水浴，产生灭活对照组、结束酶解反应以及DNS显色反应。

（3）色谱缸：用于薄层色谱。

（4）烘箱：用于100℃下TLC板显色。

（5）分光光度计：用于DNS法测定还原糖含量的比色分析。

（6）毛细玻璃管：用于薄层色谱点样，可用量程10μL或以下的移液器代替。

（7）吹风机：用于薄层色谱点样时及时吹干样品。

四、实验方法

1.获得壳寡糖混合液的酶解反应

一定浓度的壳聚糖溶液与粗酶液在各种不同比例下（各组自行选择比例，如29∶1、19∶1、9∶1等）混合后于40℃孵育，于5min、15min、30min、1h和2h取样，沸水浴5min，迅速冷却至室温，然后用DNS和TLC对产物进行测定。

2.产物中还原糖含量的测定

向样品中加入DNS试剂（样品和DNS试剂体积比为2∶3），沸水浴5min，冷水冷却，在540nm处测定吸光度值，根据D-氨基葡萄糖标准曲线测定反应液还原糖含量，计算产物浓度与酶活。各实验小组根据标准曲线的定义设计实验，用D-氨基葡萄糖测定还原糖含量标准曲线。

3.产物的TLC检测

将反应产物等量上样到TLC板上，在组分构成是正丁醇、甲醇、25%氨水和水（体积比为5∶4∶2∶1）的展开剂中展开两次；之后向板上均匀喷洒组分构成是丙酮、磷酸、苯胺和盐酸（体积比为100∶10∶2∶1）的染色剂（含1.8%二苯胺）使斑点可见，再将TLC板放置在100℃显色6min，通过TLC上的显色斑点大致判断水解产物。

也可选用展开剂构成是异丙醇-氨水（2∶1，体积比），显色剂构成是含0.1%茚三酮的乙醇溶液进行TLC检测。

本实验流程如图2-5-2所示。

五、实验报告

实验报告统一格式。

1.基本信息

课程名称				成绩	
姓名		学号		专业年级	
授课教师		时间		地点	
实验题目					
小组成员贡献度评价（各成员贡献度之和为100%）；小组共（　　　）人					
姓名					
贡献度					

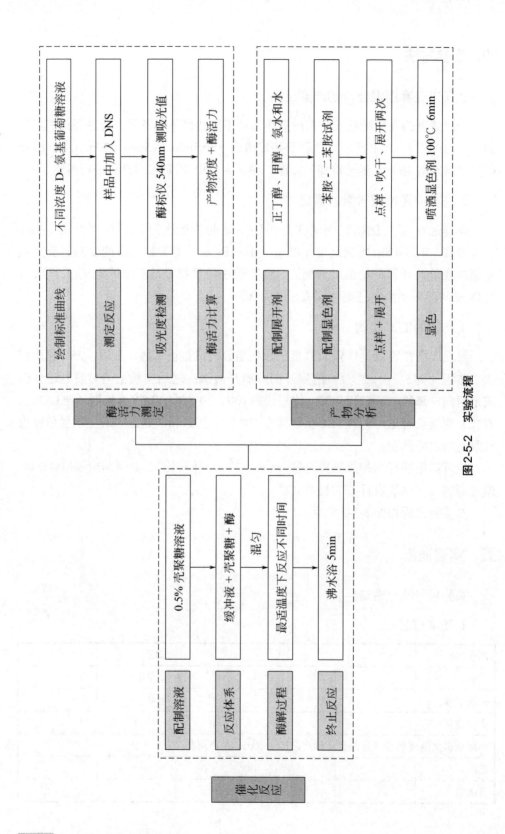

图 2-5-2　实验流程

2.实验结果

实验报告中应包含如下内容。

（1）标准曲线测定实验的原始数据表格，绘制的标准曲线图，计算得到的标准曲线公式。

（2）DNS检测不同反应时间样品和灭活对照组中还原糖的浓度，包括原始数据表格，绘制的还原糖浓度随反应时间的变化曲线。作图须使用平均值，并展示误差棒（error bar）。

并附DNS显色之后的实验组和对照组颜色对比图。

（3）TLC检测不同反应时间样品中寡糖的结果，需在图中标明各样品的取样时间，各个标品名称，图例中需写清楚选择的壳聚糖溶液和粗酶液的比例。示例结果如图2-5-3。

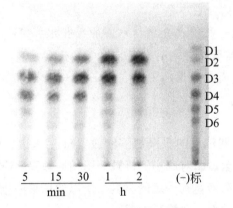

图2-5-3　TLC结果示意图

D1：氨基葡萄糖；D2：壳二糖；D3：壳三糖；D4：壳四糖；D5：壳五糖；D6：壳六糖

3.分析讨论

请根据你的酶解条件与结果，分析该酶解过程和酶可能的作用模式，并根据不同小组之间的结果比对，分析酶与底物的比例对酶催化反应的影响。实验中遇到了什么问题，你是怎么解决的？若尚未成功解决，请分析问题出现的原因，并提出相应的解决方案。根据实验结果，回答以下问题。

（1）比较不同组之间的结果，不同酶的添加量对产物的组成有没有影响？对还原糖浓度的变化趋势有没有影响？为什么？

（2）描述壳聚糖酶水解壳聚糖反应中产物的变化过程。

（3）还原糖浓度随反应时间的变化趋势是怎样的？根据TLC的结果，分析产生该变化趋势的原因。

（4）壳聚糖酶水解壳聚糖的产物中，都包含哪些寡糖？哪种寡糖含量较多？

（5）你对实验中出现的现象有什么更进一步的理解？你认为下一步应该探究哪些内容？

（6）你对本实验有什么建议？你还想进行哪些其他实验？

六、实验小结

术语：

　　壳聚糖：壳聚糖分子属线性杂多糖，其主干上的功能性基团氨基在酸性条件下，通过质子化作用形成氨基正离子，所以很多学者称壳聚糖是自然界存在的唯一的阳离子多糖[4]。

　　壳聚糖溶液：壳聚糖在pH6以下的稀酸溶液中内部氢键网络结构被破坏形成的均匀稳定的分散体系[5]。

　　壳聚糖酶：是一种催化壳聚糖水解的糖苷水解酶，其专一性催化壳聚糖或寡糖中 β-1,4- 糖苷键的水解[6]。

　　壳寡糖：又叫壳聚寡糖，为聚合度在2～20之间的寡糖，分子质量≤3900Da[7]。

（1）反应前建议酸溶后的壳聚糖溶液放置8h后再进行酶解，这样可最大程度保证底物预处理完全，酶对底物的接触面积和接触程度最大。

（2）因为壳聚糖溶液具有一定的黏度，所以使用移液枪对底物取样时要注意均一，以免影响反应效果，造成较大误差。

（3）加样时可先加酶后加底物，避免加样时间较长，使得各组样品反应时间相差较大。

（4）建议同时做5组反应样品，在反应的不同时间点取出，以避免反复取样影响反应效果。

（5）每组取样点的反应样品做3个平行，DNS测定各平行样品的还原糖浓度，根据DNS结果选择各取样时间还原糖浓度最高的样品进行TLC检测。

（6）还原糖测定的对照样品为粗酶液沸水煮沸灭活后加底物壳聚糖。TLC检测的对照组中只加底物壳聚糖，粗酶液以相同体积水替代。

（7）TLC样品点板时，为防止样品扩散影响分离效果，需采取少量多次点板的方式，即每次用毛细玻璃管点一滴后，立即用吹风机吹干，然后再点下一滴。

（8）TLC展开和显色需在通风橱中进行，溶剂液面不可触及点样区域，防止样品溶解到展开剂中。

（9）TLC显色剂需要在棕色试剂瓶中避光保存。

（10）TLC显色时使用显色剂要注意安全，防止显色液沾染其他地方。

（11）TLC显色时可采取浸染的方式，浸染TLC板后可用吹风机吹干后置于烘箱显色。

（12）实验过程中产生的实验垃圾要丢入专门的固体废物垃圾箱，废液要收集入专门的废液缸中。

七、应用总结

1. 几丁质与壳聚糖的区别和联系

天然几丁质主要存在于虾蟹壳中，其基本组成单元是GlcNAc。天然壳聚糖主要存在于一些真菌、藻类以及昆虫中，其基本组成单位是GlcN。在自然界中，几丁质和壳聚糖作为生物体的结构成分与组成成分，构筑起生物体的"保护长城"。几丁质经过脱乙酰作用，可以生成产物壳聚糖（通常脱乙酰度大于55%才能成为壳聚糖，即GlcN的含量在55%以上）。但是通常脱乙酰化并不完全，所以工业中壳聚糖通常为GlcNAc和GlcN无序排列的具有一定乙酰度的壳聚糖。几丁质由于乙酰基参与形成了大量分子间和分子内强烈的氢键，化学性质不活泼，极难溶解于水、有机溶剂、烯酸稀碱等普通溶剂中，是一类非常"顽固"的大分子聚合物。壳聚糖由于脱乙酰化增加了分子链上氨基（NH_2）的含量，使其可以溶解于部分稀酸中。

2. 降解壳聚糖的其他方法

能够降解壳聚糖的方法很多，且不同的降解方法能够产生不同结构、不同聚合度的壳寡糖，制备方法主要包括化学降解、物理降解以及酶法降解等。化学降解法包括使用HCl、HNO_3进行酸水解，使用H_2O_2等物质进行氧化降解等，在工业生产中有一定应用，然而存在副产物多、污染环境、产量低等缺点。物理降解法包括超声降解、微波降解、γ辐射法，但是设备成本高、效率低，且产物特异性低，通常联合其他方法共同使用，提高产率的同时降低成本，目前还没有建立起大规模制备壳寡糖的物理方法。而酶法降解可以在反应可控的基础上专一性地降解壳聚糖产生壳寡糖，产率高且安全可靠、环境友好。壳聚糖可以被多种水解酶降解，例如非专一性酶类，包括纤维素酶、溶菌酶等；以及专一性酶类，即壳聚糖酶。

同时，几乎所有微生物产生的几丁质酶都可以水解部分乙酰化的壳聚糖。几丁质酶主要作用于高N-乙酰化的壳聚糖，而壳聚糖酶更多地作用于N-乙酰基含量低的壳聚糖。

3.壳寡糖构效关系

壳寡糖是壳聚糖分子信息的携带者和传承者，这些壳寡糖的生物活性强烈依赖于其聚合度（DP），甚至更多地依赖于寡糖链中携带的乙酰基［乙酰基分数（F_A），以及乙酰基模式（PA）］。如从聚合度上来讲，单糖和二糖更易被人体肠道吸收利用，壳二糖$(GlcN)_2$相比于其他单一寡糖$(GlcN)_{3\sim6}$对脂质积累的改善作用更显著，抑制了脂质积聚，对抗高脂血症和脂肪变性调节有着最佳的活性。低聚五糖相对于其他聚合度寡糖可以更好地用作预防氧化应激的新型功能性食品补充剂，聚合度较高的低聚寡糖对HepG2癌症细胞增殖具有更好的抑制作用。研究发现具有高度乙酰化的 N, N'-二乙酰基壳三糖要比其他部分乙酰化的壳三糖 N-乙酰基壳三糖以及全脱乙酰壳三糖的抗氧化活性，包括清除羟自由基和超氧化物自由基的活性更高。也有研究表明单乙酰化壳四糖ADDD（A：N-乙酰氨基葡萄糖，D：氨基葡萄糖）对水稻细胞表现出显著的激发活性。首次证明了PA影响壳寡糖的生物活性，乙酰基可以被认为是真正的信息携带分子[8]。

但是目前对于更广泛的F_A和PA与活性的构效关系是不清楚的，因为分离仅在F_A和PA上不同的壳寡糖异构体尚不可行，至少在制备规模上是不可行的。短链的不同F_A和PA壳寡糖可以通过化学合成的方法少量生产，但随着DP的增加，这变得昂贵和更具挑战性。

-------------------------------- **拓展阅读** --------------------------------

费利克斯·霍佩-塞勒（Felix Hoppe-Seyler，1825—1895），德国生理学家和化学家。霍佩-塞勒用氢氧化钾在180℃下处理螃蟹、蝎子和蜘蛛的外壳，发现了一种"新产品"。他第一次将其命名为壳聚糖，并指出了和几丁质不同的观察结果：① 该产品易溶于稀乙酸，与几丁质的观察结果一致；② 加入碱可使其析出；③ 在184℃的温度下开始分解，特别是它的氮含量与最初的几丁质相同。霍佩-塞勒清楚地论证了"甲壳素和壳聚糖之间的关系"。当壳聚糖用浓盐酸处理时，它和甲壳素一样，会产生葡萄糖胺。用乙酸酐加热，得到类似甲壳素的物质，用碳酸钾在180℃加热，分解为壳聚糖和醋酸。同时，该产品被霍佩-塞勒描述为一个几丁质部分去乙酰化的物质。

科学的发现和研究是一个长期的过程，从18世纪发现称为fongine/fungine的物质，后来被命名为几丁质；以及壳聚糖的发现，到后来壳聚糖名字的提出；同时在一段时间内还出现了关于甲壳素是否与纤维素相同的争论，出现了一段混乱的时期；到如今甲壳素、壳聚糖被广泛应用，科学始终在不断进步，人类也在曲折中不断认识自然。有兴趣的同学可以自己检索了解几丁质、壳聚糖的历史，体会人类在追求真理的道路上展现的科学精神，品味科学研究中可贵的"坚持"真谛。

但是霍佩-塞勒最初学习的是医学专业，在1851年获得了医学博士学位。科学研究的奇妙吸引着他逐渐从医学转向应用化学和生理化学的研究领域，也正是医学的背景和兴趣的使然，他开创了生物化学的先河，成为当时德国唯一的一位生物化学系主任。然而这样一位开创研究领域先河的科学家，他的童年却并不是一帆风顺。在他6岁时母亲去世，三年后父亲也离开人世。成为孤儿的他，辗转在姐姐姐夫家，最后进入了哈雷的孤儿院。也正是少年的经历，成就了他不屈不挠、追求科学真理的一生。

霍佩-塞勒发现了很多新物质，他的学生米歇尔（Johann Friedrich Miescher，1844—1895）在研究过程中发现了一种白细胞中的物质，这种物质可以被酸沉淀，用碱调至中性后，可以再次溶于水。米歇尔猜测这种不同于蛋白质和脂肪特性的物质可能来源于细胞核。他将其命名为核素。1869年，米歇尔将这一重大成果写成论文于当年投稿给霍佩-塞勒主编的杂志时，由于霍佩-塞勒之前的学生曾经发表过一篇号称从脑中分离到新的物质初磷脂（protagon）的文章，但是最后证明是错的，因此，霍佩-塞勒自己又重复了米歇尔的实验后才同意发表了核素的文章。之后相继几篇文章都相当稳固地验证了米歇尔的发现，但学术界还是曾有几十年一直争论米歇尔发现的是否真的是新物质。所以，一个新的科学理论、新的发现不是轻而易举就可以取得的，可能会经历推倒重来、争议、质疑，科学也是一个永远追求真理的过程。

参考文献

[1] 王琦，崔阳，刘进宝，等．壳聚糖酶的基因克隆表达及酶学性质研究[J]. 食品与生物技术学报，2019，38（01）：147-155.

[2] Guo N，Sun J N，Wang W, et al. Cloning，expression and characterization of a novel chitosanase from *Streptomyces albolongus* ATCC 27414[J]. Food Chemistry，2019，286：696-702.

[3] Sun H H，Gao L，Xue C H，et al. Marine-polysaccharide degrading enzymes：Status and prospects[J]. Comprehensive Reviews in Food Science and Food Safety，2020，19：2767-2796.

[4] Hou W X，Liu L，Shen H Y. Selective conversion of chitosan to levulinic acid catalysed

by acidic ionic liquid: Intriguing NH_2 effect in comparison with cellulose[J]. Carbohydrate Polymers，2018，195：267-274.

[5] Li B X，Wang J，Moustafa M E，et al. Ecofriendly method to dissolve chitosan in plain water[J]. ACS Biomaterials Science & Engineering，2019，5：6355-6360.

[6] Yorinaga Y，Kumasaka T，Yamamoto M，et al. Crystal structure of a family 80 chitosanase from *Mitsuaria chitosanitabida*[J]. FEBS Letters，2017，591：540-547.

[7] Naveed M，Phil L，Sohail M，et al. Chitosan oligosaccharide（COS）：an overview[J]. International Journal of Biological Macromolecules，2019，129：827-843.

[8] Basa S，Nampally M，Honorato T，et al. The pattern of acetylation defines the priming activity of chitosan tetramers[J]. Journal of the American Chemical Society，2020，142：1975-1986.

实验 2-6
利用蛋白酶处理辅助提取
三文鱼皮中的油脂

> 鱼类肉质细嫩鲜美、蛋白质含量颇高，是人类食品中动物蛋白质的重要来源之一。同时，深海鱼体内还富含DHA、EPA等多不饱和脂肪酸，它们对于改善身体健康有重要作用。在三文鱼加工处理分离鱼肉的过程中会产生将近50%的废料，包括鱼皮、鱼头、内脏等，这些材料中均含有较多的油脂。以鱼皮为例，你能想到哪些方法来提取其中的油脂？若是采用酶处理来提取鱼油，那么使用什么酶比较合适？

一、实验目的

（1）学习并掌握蛋白酶活的检测方法。

（2）通过实验设计与结果分析理解并描述蛋白酶的种类对酶催化反应的影响。

（3）通过实验设计与结果分析理解并描述增加酶量和反应时间对酶催化反应的影响。

二、实验原理

在海洋生物资源开发的过程中产生很多废弃物，如虾头、鱼皮等，不仅降低利用效率也会对环境造成污染。鱼皮中富含胶原蛋白和鱼油，其中多不饱和脂肪酸含量丰富，尤其是二十碳五烯酸（EPA）和二十二碳六烯酸（DHA），它们不仅是构成动物细胞的重要成分，还具有多种生理功能，比如防止动脉粥样硬化，降血压，改善糖尿病、炎症、癌症症状等，对人体健康大有益处。油脂提取的常用方法主要有压榨法、蒸煮法、溶剂法、淡碱水解法、超临界流体萃取法及酶法等。其机制是通过各种物化作用，破坏含油组织的结构，加速油脂分子的热运动，降低其黏度和表面张力，使油脂从破坏了的组织中分离出来，随着乳胶体的破坏，油脂逐渐变得清澈透明。

蛋白酶种类繁多、结构复杂多样，在活性位点、催化机制、底物特异性、最适反应pH和温度以及稳定性等方面存在较大的差异。蛋白酶可作为催化和结构的模型蛋白，其在食品、洗涤、化妆品、皮革、饲料、制药、废物处理等领域应用广泛。本实验选用多种商业蛋白酶，利用蛋白酶对蛋白质的水解破坏蛋白质和脂肪的结合关系，从而释放出油脂[1]，该方法作用条件温和，产油质量高，同时可以充分利用蛋白酶水解产生的酶解液，因而是提取海洋生物资源下脚料中鱼油的较好方法。通过测定不同种类蛋白酶和不同反应时间下获得鱼油的量，可以对蛋白酶的催化性质和催化进程有简单的认识。

三、实验器材

1. 实验材料

（1）木瓜蛋白酶，反应pH6.0。

（2）碱性蛋白酶，反应pH10.0。

（3）中性蛋白酶，反应pH7.0。

（4）风味蛋白酶，反应pH9.0。

（5）胰蛋白酶，反应pH10.0。

（6）2%酪蛋白溶液。

（7）盐酸。

（8）100g/L三氯乙酸：10g三氯乙酸定容至100mL。

（9）福林酚试剂。

（10）pH6.0的磷酸盐缓冲液（20mmol/L）。

（11）三文鱼皮。

（12）碳酸钠溶液（0.4mol/L）。

（13）L-酪氨酸。

（14）15mL离心管。

（15）胶头滴管。

2. 实验仪器

（1）电子分析天平：用于所用材料的称取及最终获得油脂的称量。

（2）分光光度计：测定酪氨酸含量，以计算蛋白酶酶活。

（3）水浴锅：用于维持60℃酪蛋白水解反应及40℃显色反应。

（4）匀浆机：将鱼皮打碎，用于后期的酶解反应。

（5）pH计：调节缓冲液pH。

（6）水浴摇床：用于60℃鱼皮的酶解反应。

（7）电磁炉：用于沸水浴灭活酶解体系中的蛋白酶。

（8）高速台式离心机：用于水解后体系中不同组分的分离。

四、实验方法

1. L-酪氨酸标准曲线的测定和绘制

称取预先于105℃烘干至恒重的L-酪氨酸0.1000g，精确至0.0002g，用1mol/L盐酸溶解并定容至100mL，即为1mg/mL酪氨酸标准溶液，继续使用0.1mol/L盐酸稀释十倍，即为100μg/mL标准溶液。进一步用水将低浓度标准溶液分别稀释至10μg/mL、20μg/mL、30μg/mL、40μg/mL和50μg/mL。待混合均匀后，取40μL不同浓度的溶液，向其中加入200μL 0.4mol/L碳酸钠溶液，混合均匀后加入40μL福林酚试剂于40℃显色20min，用酶标仪于680nm波长处测定吸光值，绘制标准曲线。

2. 蛋白酶活性的检测

用分析天平称取一定量的蛋白酶，用适当pH的缓冲液稀释至200μL，加入100μL 2%酪蛋白溶液，在60℃水浴锅中反应10min，然后加入100μL 0.4mol/L三氯乙酸终止反应，12000r/min离心5min，取40μL上清液，向其中加入200μL 0.4mol/L碳酸钠溶液，混合均匀后加入40μL福林酚试剂，于40℃显色20min，用酶标仪于680nm波长处测定吸光值，计算不同蛋白酶的比酶活（U/mg）。将一个酶活力单位（U）定义为在特定的条件下，每分钟产生1μg酪氨酸所需要的酶量。

3. 酶的种类及酶解时间对提油量的影响

将鱼皮与适当pH的缓冲液按照料液比1:1绞碎，按照上文测定的蛋白酶活力，向反应体系中添加酶活总量相同的不同种类的蛋白酶（各组可自行确定本组的加酶量，如2000U/g、4000U/g、6000U/g、8000U/g等），在60℃，200r/min水浴摇床中酶解不同时间（如1h、2h、3h、4h等）后取出，沸水浴灭活后离心分离提取上层油相，用胶头滴管小心吸出并计重，探究蛋白酶种类和酶解时间对鱼油提取量的影响。各组之间可进行对比，进一步探究加酶量对鱼油提取效果的影响。

本实验流程如图2-6-1所示。

五、实验报告

实验报告统一格式。

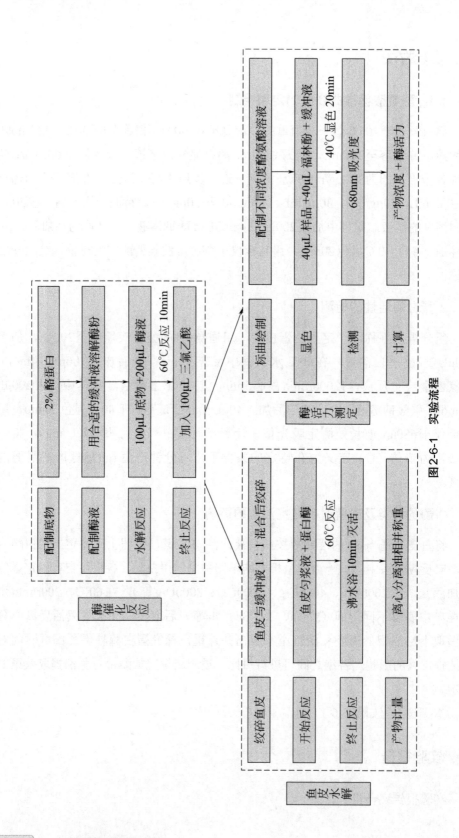

图 2-6-1 实验流程

1.基本信息

课程名称				成绩	
姓名		学号		专业年级	
授课教师		时间		地点	
实验题目					
小组成员贡献度评价（各成员贡献度之和为100%）；小组共（　　）人					
姓名					
贡献度					

2.实验结果

实验报告中应包含以下内容。

（1）标准曲线测定实验的原始数据表格，绘制的标准曲线图，计算得到的标准曲线公式。

（2）福林酚法测定不同蛋白酶酶活的结果，需要原始数据表格以及酶活计算过程。

（3）拍照记录通过高速离心使酶解液分层的结果，标注每层所对应的组分，其结果大致如图2-6-2所示。

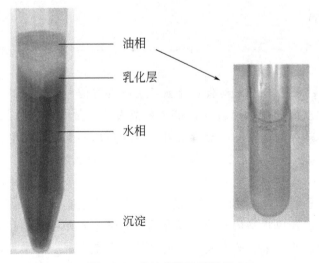

油相

乳化层

水相

沉淀

图2-6-2　鱼油提取结果展示

（4）分离得到鱼油后对鱼油的基本性状进行描述，包括颜色、气味、浑浊度、黏稠度等。

（5）准确计量不同蛋白酶处理不同时间后获得油脂的量，包括原始数据表格，绘制不同蛋白酶处理下油脂提取量随反应时间的变化曲线。作图需使用平均值，并展示误差棒（error bar）。

3.分析讨论

请根据你的反应条件及最终结果，分析该酶解过程，并根据不同小组之间的结果比对，分析蛋白酶种类及反应时间对酶催化反应的影响。实验中遇到了什么问题，你是怎么解决的？若尚未成功解决，请分析问题出现的原因，并提出相应的解决方案。根据实验结果，回答以下问题。

（1）在选用的多种商业蛋白酶中，哪些蛋白酶酶活较高？哪些蛋白酶酶活较低？

（2）查阅资料并解释几种商业蛋白酶的催化特性以及适用范围。

（3）在酶活总量相同的前提下，哪种蛋白酶酶解后获得的油脂量最高？不同种类蛋白酶处理后获得的油脂量为什么不同？

（4）油脂提取量随反应时间的变化趋势是怎样的？请你试着分析产生该变化趋势的原因。

（5）比较不同组之间的结果，酶的添加量对鱼油的提取效果有着怎样的影响，为什么会产生这样的影响？

（6）你对本实验有什么建议？你还想进行哪些其他实验？

六、实验小结

术语：

蛋白酶：蛋白酶是水解蛋白质肽链的一类酶的总称。按其降解多肽的方式分成内肽酶和端肽酶两类。前者可把大分子量的多肽链从中间切断，形成分子量较小的朊和胨；后者又可分为羧肽酶和氨肽酶，它们分别从多肽的游离羧基末端或游离氨基末端逐一将肽链水解成氨基酸[2]。

酪蛋白：酪蛋白是哺乳动物包括母牛、羊和人等的乳汁中特有的一种蛋白质，占乳蛋白质总量的80%以上。酪蛋白不是单一的蛋白质，是低pH时哺乳动物乳汁中析出的蛋白质混合物，经常与乳汁中的钙和磷混合在一起。酪蛋白对幼儿来说既是氨基酸的来源，也是钙和磷的来源，酪蛋白在胃中形成凝乳以便消化[3]。

料液比：指固态的"料"的质量与作为浸提液的"液"的体积的比。"料"的单位用g、mg，"液"的单位用L、mL，于是"料液比"的单位有g/L、mg/L、g/mL、mg/mL等[4]。

（1）各组可共用一份鱼皮匀浆液，保证底物的组分是均一的，这样各组间加酶量不同引起的结果差异才有分析价值。

（2）反应时建议首先将匀浆后的鱼皮底物和溶解后的酶液在60℃预热5min，将二者混合后再开始计时，这样可最大程度保证反应在设定的温度条件下进行。

（3）探究不同反应时间的影响时建议同时做4组反应样品，每隔1h取出一个，以避免反复取样影响反应效果。

（4）需做两组对照样品，一组只加底物鱼皮匀浆液不加酶液，另一组只加酶液不加底物鱼皮匀浆液。

七、应用总结

1.蛋白酶的分类

根据国际酶学委员会（Enzyme Commission，EC）的命名规则，酶主要包含六大家族，蛋白酶属于第3大水解酶类的第4个亚类（EC3.4）。MEROPS数据库[2]按照同源性和活性位点将蛋白酶分为九个家族：天冬氨酰（aspartyl）肽酶、半胱氨酸（cysteine）肽酶、谷氨酸（glutamic）肽酶、天冬酰胺（asparagine）肽酶、丝氨酸（serine）肽酶、金属（metallo）肽酶、苏氨酸（threonine）肽酶、混合（mixed）肽酶和未知（unknown）肽酶。酶学委员会根据活性中心将蛋白酶分为丝氨酸蛋白酶、金属蛋白酶、半胱氨酸蛋白酶、天冬氨酸蛋白酶、苏氨酸蛋白酶。由于蛋白酶分子本身结构的多样化，水解底物的方式复杂多变，可依据不同方法对蛋白酶进行命名。蛋白酶可根据来源分为动物、植物、微生物蛋白酶，还可细分为菠萝蛋白酶、木瓜蛋白酶、胰蛋白酶、胃蛋白酶、枯草杆菌蛋白酶等。根据作用位点分为内肽酶和外肽酶，其中应用最广泛的为内肽酶。根据底物特异性分为角蛋白酶、弹性蛋白酶、胶原酶等。根据作用温度分为低温蛋白酶、中温蛋白酶、高温蛋白酶（适宜温度一般为60～80℃，极端嗜热蛋白酶的作用温度更高），按作用pH分为酸性蛋白酶（pH2.0～5.0）、中性蛋白酶（pH7.0）、碱性蛋白酶（pH9.5～10.5）。其中，碱性蛋白酶的研究相对深入。

2.长链多不饱和脂肪酸

长链多不饱和脂肪酸（LC-PUFAs）指含有两个或两个以上双键且碳链骨架长度为18到22个碳原子的直链脂肪酸。LC-PUFAs分为ω-3和ω-6类，主要包括但不限于α-亚麻酸（ALA，18：3ω-3）、硬脂酸（STA，18：4ω-3）、二十碳五烯酸（EPA，20：5ω-3）、二十二碳六烯酸（DHA，22：6ω-3）、γ-亚油酸（GLA，18：3ω-6）、花生四烯酸（ARA，20：4ω-6）和亚油酸（LA，18：2ω-6）。由于

LC-PUFAs具有多种生理功能，因此受到人们广泛关注和研究，其中ω-3脂肪酸是生物细胞膜的重要成分，是人体不能合成的必需脂肪酸，在人体发育中具有重要的作用。二十二碳六烯酸（DHA，22：6ω-3）作为ω-3家族中最具代表性的成员，是与降低心血管疾病的概率，维持神经系统和免疫系统以及抑制细胞内炎症水平有关的有效成分（与炎症因子释放有关）。ω-3 PUFAs在预防和治疗阿尔茨海默病中的作用也是生物学术界的热门话题。

------------------------------ 拓展阅读 ------------------------------

施旺（Theodor Schwann）出生于1810年12月7日，是德国动物生理学家。他的主要贡献包括：提出动物是由细胞构成的，是细胞学说的缔造者之一，他还发现并命名了胃蛋白酶（pepsin，来源于希波克拉底的pepsis，表示消化、领悟的意思），发现了周围神经系统的施旺细胞（Schwann cells）、酵母有机体的本质，提出了"代谢（metabolism）"这个名词。

人们早就意识到消化是一系列化学过程。1824年，当普劳特研究发现胃内存在盐酸的时候，人们很自然地认为，酸是分解食物的主要物质。然而到了1834年，施旺通过实验和分析发现并证明，胃腺中有一种物质，如果将这种物质与酸相混合，它分解肉类食物的能力比酸的单独作用大得多。于是他进一步深入研究，1836年，他把氯化汞加到胃液里，沉淀出一种白色粉末，除去粉末中的汞化合物后把剩下的粉末溶解，就得到了一种浓度非常高的消化液，他将这种粉末取名为"胃蛋白酶"。这是人类第一次从动物组织中制备出酶，它的发现是生物化学发展中的早期转折点之一。时至今日，我们已经能够制备药用胃蛋白酶制剂，用于患有消化不良疾病的人群。

实际上，施旺最有名的研究是他和施莱登一起提出的"细胞学说"。1837年，他和施莱登在柏林相遇，一天当他们一起用餐的时候，施莱登指出，细胞核在植物细胞的发生中起着重要作用，施旺立刻想起自己也曾在脊索细胞中看到过同样的"器官"。用餐结束后，施旺立刻着手证明动物细胞中细胞核的存在。他首先选择了和植物细胞结构比较类似的脊索细胞和软骨细胞，成功在其中观察到了细胞核。此后，他又研究了许多其他种类的动物细胞，尽管在当时的条件下，观察动物细胞要比植物细胞困难得多，他还是成功证明了在众多动物的组织形态中都有细胞核的存在。1839年，施旺发表了《关于动植物的结构和生长一致性的显微研究》一文，提出了他对动物细胞进行研究后得出的细胞学说。该文指出，细胞是构成动物的基本单位，动物和植物一样，也是由细胞构成的，动物细胞和植物细胞一样，都含有细胞膜、细胞内含物和细胞核。

当施旺的发现与现有理论相悖时，他做到了坚持自己，沉下心来继续钻研，最终用科学的手段证明了自己的发现。另外一方面，他也能够抓住不经意间获得的灵感，并付诸行动，克服重重困难证明自己的猜想。

有兴趣的同学可以进一步了解施旺在其他领域的研究事迹以及所作出的贡献。你认为，施旺的身上还有哪些值得我们学习的品质，这些品质又是如何让他取得成功的？

参考文献

[1] 王丹，俞吕，周晶，等. 酶解法提取鱿鱼内脏油的工艺研究及其脂肪酸分析[J]. 中国油脂，2015，40（03）：1-5.

[2] Rohamarea S，Gaikwada S，Jonesb D，et al. Cloning，expression and in silico studies of a serine protease from a marine actinomycete（*Nocardiopsis* sp. NCIM 5124）[J]. Process Biochemistry，2015，50（3）：378-387.

[3] Laatikainen R，Salmenkari H，Sibakov T，et al. Randomised Controlled Trial：Partial hydrolysation of casein protein in milk decreases gastrointestinal symptoms in subjects with functional gastrointestinal disorders[J]. Nutrients，2020，12（7）：2140.

[4] 谭长责."料液比"的概念及其表达形式的缺陷与改进[J]. 编辑学报，2011，23（3）：250.

实验 2-7

脂肪酶催化鱼油选择性水解
富集多不饱和脂肪酸

鱼油是大海送给人类的礼物，其含有的多不饱和脂肪酸对人体健康具有很大的促进作用，DHA更是胎儿大脑发育不可缺少的营养素。但天然鱼油中多不饱和脂肪酸含量通常较低，不能很好地满足人类的需求。那么，能不能通过酶法处理来提高鱼油中多不饱和脂肪酸的含量呢？

一、实验目的

（1）学习并掌握氮吹仪的基本操作，了解气相色谱的工作原理。

（2）通过实验设计与结果分析理解并描述脂肪酶的脂肪酸选择性。

（3）通过实验结果分析理解并描述不同乳化剂对脂肪酶催化效果的影响。

二、实验原理

脂肪酶是 α/β 水解酶家族中的重要一员，可催化酯键的断裂和生成，并广泛存在于自然界中。如表2-7-1所示，脂肪酶在水相中（油水界面上）可催化水解酯键反应的进行，在有机相体系或无溶剂体系中可催化转酯、酯合、酯交换和氨解等多种反应。脂肪酶作用高效，反应条件温和，在反应中不需要外源添加辅酶因子；与此同时脂肪酶具有较高的化学、区域和立体选择性，在食品、化工、医药、生物柴油等领域有着广泛的应用。多不饱和脂肪酸（PUFAs）具有多种生理活性，其中，尤以二十二碳六烯酸（DHA）和二十碳五烯酸（EPA）最为突出。前者对于大脑和视网膜的发育具有重要作用，后者则可以在人体内转化为类二十烷类，有利于心血管疾病的防治，并具备一定的抗炎作用。天然PUFAs多以甘油酯形式存在于海洋鱼类和一些藻类中，但其浓度通常比较低，无法很好地满足消费者的需求。作为一种选择性良好的生物催化剂，脂肪酶可以通过催化甘油骨架上多种脂肪酸的选择性水解来实现甘油酯中PUFAs的富集[1]，也可用于制备富含PUFAs的甘油单酯[2]。

本实验所用的脂肪酶为南极假丝酵母脂肪酶A，该酶具有优良的脂肪酸选择性，可以优先水解甘油骨架上的饱和脂肪酸和单不饱和脂肪酸，保留多不饱和脂

表2-7-1　脂肪酶催化反应

反应类型	反应公式
水解	$R_1COOR_2+H_2O \longrightarrow R_1COOH+R_2OH$
酯合	$R_1COOH+R_2OH \longrightarrow R_1COOR_2+H_2O$
酸解	$R_1COOR_2+R_3COOH \longrightarrow R_1COOH+R_3COOR_2$
醇解	$R_1COOR_2+R_3OH \longrightarrow R_1COOR_3+R_2OH$
酯交换	$R_1COOR_2+R_3COOR_4 \longrightarrow R_1COOR_4+R_3COOR_2$
氨解	$R_1COOR_2+R_3NH_2 \longrightarrow R_1CONHR_3+R_2OH$

肪酸，从而实现多不饱和脂肪酸在甘油骨架上的富集。通过气相色谱，可以实现甘油酯组分中多不饱和脂肪酸的定量检测，反映脂肪酶的选择性富集效果。

三、实验器材

1.实验材料

（1）南极假丝酵母脂肪酶A。

（2）鳕鱼油、鳀鱼油等含有多不饱和脂肪酸的鱼油。

（3）不同种类的乳化剂，如司盘20、司盘80、吐温20、曲拉通等。

（4）脂肪酸甲酯混合标准品。

（5）Tris-HCl缓冲液，pH8.0，100mmol/L。

（6）0.5mol/L KOH（30%乙醇溶解）。

（7）2%硫酸-甲醇溶液（体积比1∶50）。

（8）正己烷。

（9）0.22μm有机相针式滤器。

（10）一次性注射器（1mL）。

（11）广泛pH试纸。

2.实验仪器

（1）天平：用于实验所需化合物的称量。

（2）水浴锅：脂肪酸甲酯化需要在70℃下进行孵育。

（3）氮吹仪：用以排除空气保护不稳定化合物或者用以除去小体系中的挥发性有机溶剂。

（4）气相色谱仪：对甲酯化后的脂肪酸进行定量检测。

（5）pH计：反应缓冲液的配制。

（6）匀浆机：用于鱼油与缓冲液的乳化。

（7）水浴摇床：鱼油的选择性水解反应需要在水浴摇床进行。

（8）高速台式离心机：通过离心促使油相和水相进行分层。

（9）通风橱：涉及挥发性有机试剂的操作需在通风橱内进行。

四、实验方法

1.脂肪酶催化鱼油水解反应

将2mL鱼油和4mL缓冲液混合，添加10g/L的乳化剂，用匀浆机乳化完全后加入1mL脂肪酶，用氮气排空其中的空气，完全密封后于45℃，200r/min水浴摇床反应2h。反应结束后向体系中添加0.5mol/L KOH（30%乙醇溶解）调节pH至9.0，加入足量的正己烷充分振荡萃取其中的甘油酯组分，离心后取上层有机相。

2.甘油酯组分的甲酯化

氮吹除去正己烷，称取10mg甘油酯样品，加入2mL 2%硫酸-甲醇溶液，充分振荡后于70℃水浴30min使甘油酯组分甲酯化，结束后加入1mL正己烷萃取其中的脂肪酸甲酯组分，分层后再加入1mL饱和食盐水除去上层有机相中残余水分，吸取上层过膜后用于气相色谱分析。

3.气相色谱检测脂肪酸组分

本部分实验可由专业人员统一进行检测，并向各小组系统讲解气相色谱的工作原理和基本操作方法，检测条件如下：气相色谱柱选用Agilent HP-INNOWAX Capillary Column 30m×0.25mm×0.25μm。进样口温度为250℃，分流比为1∶5，检测器温度为250℃，进样体积为5μL。升温程序：初始温度170℃保持5min，以2℃/min的速度升温至220℃，保持10min。

本实验流程如图2-7-1所示。

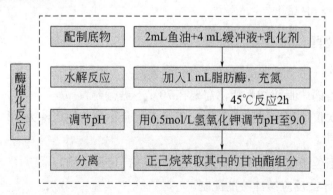

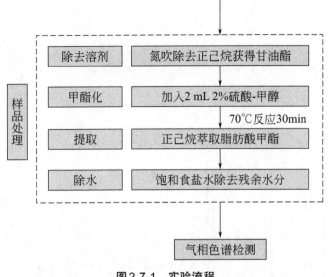

图 2-7-1　实验流程

五、实验报告

实验报告统一格式。

1.基本信息

课程名称			成绩	
姓名		学号	专业年级	
授课教师		时间	地点	
实验题目				
小组成员贡献度评价（各成员贡献之和为100%）；小组共（　　　）人				
姓名				
贡献度				

2.实验结果

实验报告中应包含以下内容。

（1）参照脂肪酸甲酯混标测定结果确定实验样品中每个峰所对应的物质，并计算水解前后多不饱和脂肪酸的含量，初步判定最有利于脂肪酶发挥富集作用的乳化剂。本实验中可能出现的结果示例如图2-7-2所示，ALA甲酯在18.6min左右出峰，EPA甲酯在27.0min左右出峰，DHA甲酯在36.2min左右出峰。

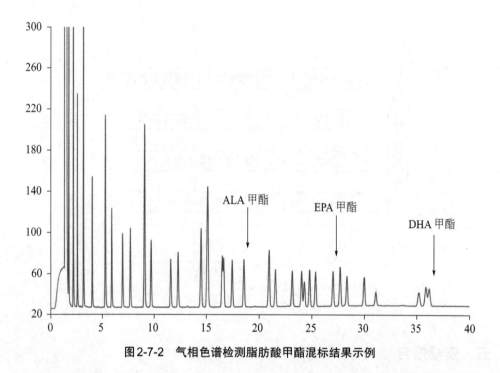

图2-7-2　气相色谱检测脂肪酸甲酯混标结果示例

（2）在使用最优乳化剂时，利用脂肪酶处理前后鱼油脂肪酸组分检测结果，计算各脂肪酸组分相对含量的变化情况，以±X%表示，并根据计算结果分析脂肪酶的选择性。

3.结果分析

请根据你的实验条件与结果，分析鱼油水解过程中脂肪酶的选择性是如何体现的，并根据不同小组之间的结果比对，分析不同乳化剂对酶催化反应的影响。实验中遇到了什么问题，你是怎么解决的？若尚未成功解决，请分析问题出现的原因，并提出相应的解决方案。根据实验结果，回答以下问题。

（1）反应结束后，调节pH结合正己烷萃取为什么可以实现反应体系中甘油酯组分的分离？结合本实验中的操作，思考怎样实现体系中游离脂肪酸的分离提取？

（2）南极假丝酵母脂肪酶A水解前后含量变化最大的脂肪酸有哪些？为什么这些脂肪酸含量变化最大？

（3）最有利于脂肪酶水解鱼油富集多不饱和脂肪酸的乳化剂是哪一种？哪些乳化剂效果不是很好？

（4）通过本实验可以看到脂肪酶的脂肪酸选择性，查阅资料了解脂肪酶还有哪些方面的选择性，并思考脂肪酶其他方面的选择性可以通过什么样的手段进行分析。

（5）查阅资料，了解油脂中多不饱和脂肪酸的富集还有哪些常用方法。酶法处理与这些方法相比，有哪些优势，有哪些劣势？

六、实验小结

> **术语：**
>
> 脂肪酶：即甘油酯水解酶，隶属于羧基酯水解酶类，能够逐步将甘油三酯水解成甘油和脂肪酸[3]。
>
> 乳化剂：乳化剂是能使两种或两种以上互不相溶的组分的混合液体形成稳定的乳状液的一类物质。其作用原理是在乳化过程中，分散相以微滴（微米级）的形式分散在连续相中，乳化剂降低了混合体系中各组分的界面张力，并在微滴表面形成较坚固的薄膜，或由于乳化剂给出的电荷而在微滴表面形成双电层，阻止微滴彼此聚集，而保持均匀的乳状液形式[4]。
>
> 混合标准品：简称混标，是将多种标准品混合在一起形成的混合物。利用混合标准品检测可大大节省检测时间，但需要确保每种化合物都能被很好地分开，并能把每种化合物与其吸收峰一一对应。
>
> 气相色谱：指用气体作为流动相的色谱法，主要是利用物质的沸点、极性及吸附性质的差异来实现混合物的分离[5]。

（1）气相色谱仪的开机调试与讲解可在脂肪酶水解反应期间进行，调试完成后可先对脂肪酶甲酯混合标准品进行检测，确定各脂肪酸甲酯的出峰时间，实验样品处理完成后再继续上样检测。

（2）气相色谱仪的进样口、柱温箱及检测器温度都比较高，操作中注意安全，切勿直接接触。

（3）多不饱和脂肪酸不是很稳定，受热或接触空气都可能导致其变质，操作中一定要做好氮气密封。

（4）调节pH后使用正己烷萃取体系中的甘油酯时，可以多次萃取，将萃取得到的有机相混合后用于接下来的操作。

（5）涉及有机溶剂的操作一定要做好个人防护，规范操作，防止有机物吸入呼吸道或溅到皮肤上。

七、应用总结

1.结构脂质

结构脂质（structured lipids，SLs）也称结构脂，通常使用化学法或酶法将某些具有生理或者营养性能的脂肪酸结合到天然油脂的特定位置，进而改变天然油脂中的脂肪酸组成、含量或者空间位置以及甘油三酯的种类，进而最大化发挥合成脂质中的脂肪酸功效，这种对天然脂质进行重新构造的脂质叫结构脂质，在医药和食品行业具有很好的发展前景。结构脂质可以通过酶法或者化学法制备，使用酶作为生物催化剂具有优于化学方法的若干点。首先，酶最显著的特点是具有选择性和特异性，有些脂质合成不能通过化学催化剂来实现；其次，酶促反应通常在温和条件下进行，这样会使温度敏感的底物和产物的原始属性损失减少；最后，酶的使用减少了有害试剂和能量的使用，并且易于回收产品，从而为一些化学产品提供了更为环保和安全的替代品。最具代表性的结构脂质是1,3-二油酸-2-棕榈酸甘油酯，它是母乳中最主要的甘油三酯。大量研究表明，分布在sn-1,3位的棕榈酸容易被水解下来，其游离脂肪酸在小肠的酸性环境下就容易和钙、镁等矿物质发生皂化反应，形成不溶的皂化盐，从而严重降低脂肪酸的吸收率，造成能量（脂肪酸）和钙的双重损失同时增加粪便的硬度。如果棕榈酸以sn-2位的单甘酯形式存在，就会很容易被人体吸收，从而提高人体脂肪酸的吸收率，显著降低婴幼儿发生便秘、腹痛和肠梗阻的可能性。不仅具有改善婴儿营养吸收的功能，同时也对完善骨骼强化及肠胃成熟等方面起到积极的推动作用。

2.脂肪酶抑制剂

脂肪酶抑制剂（lipostatin）是2010年发布的生物化学与分子生物学名词，其来源途径主要有化学合成、天然植物提取和微生物代谢产物提取等。我们肠道中所含有的脂肪酶能够将脂肪分子分解，进一步被小肠吸收，脂肪酶抑制剂的原理是使脂肪酶与脂肪酶抑制剂结合，使部分脂肪酶失去分解能力，因而有部分脂肪没有被脂肪酶分解，随着食物残渣一起排出体外。脂肪酶抑制剂之所以会受到很多肥胖患者的欢迎，就是因为它能够将我们摄入的部分脂肪，在进入血液之前排出体外，这样可以从脂肪的源头控制脂肪在人体内的积聚情况。脂肪酶抑制剂也有一定的副作用，使用过量可能会极大地影响脂溶性维生素的吸收，因此一定要合理使用。

张驹祥教授（1918—1996），美籍华裔科学家，1952年获得伊利诺伊大学食品科学博士学位，1955年完成博士后工作后从事食用油研究。张驹祥教授在油脂风味稳定性、深度煎炸食品、乳化技术、食品风味化学、天然抗氧化剂筛选等研究领域成绩斐然，既是一位出色的学者、专家，也是一位优秀的教育家和科技活动家，在学术界、教育界和工业界都作出了杰出贡献。张驹祥教授的研究工作奠定了食品风味化学的基础，他主持的实验室成为当代油脂化学和食品风味化学研究的先驱和中心之一，使食品风味研究在世界范围内成为一门新兴学科。20世纪60～80年代，他还领导开展了32种植物源天然抗氧化剂研究，明确了迷迭香的高效抗氧化性质和安全性。1976年他从迷迭香与鼠尾草中成功地提出无味、无臭且高效的抗氧化成分，大大提高了人们研究天然抗氧化剂的兴趣。

改革开放后，张驹祥利用来华探亲机会回到故土，介绍国际食品科技进展。1980年他向我国政府提出了培训食品科技人员、成立食品科学系、派人到欧美进修和参加国际性科技会议、成立"学会"、办出版科技杂志、成立全国性研究机构等发展食品科技工作的建议。他利用自己的学术声望，将国内多位年轻学者推介到美国罗格斯大学、美国加州大学戴维斯分校去进修，其中包括石煌、金其璋、张根旺、汤坚、沈国惠、李礼尧、王武等，他们学成回国后大多担纲较为重要的岗位。

1984年，受老朋友汤逢教授之邀，张驹祥教授专程到无锡轻工业学院（现江南大学）讨论与设计该校食品学科的研究与教育规划，确定了食品、发酵等重点建设项目。在张驹祥教授的指导和帮助下，无锡轻工业学院在1986—1993年累计获得世界银行大学贷款411万美元，同时获得国内配套经费1155万元，由此帮助该校在20世纪80年代中期就获得了食品工程、油脂与植物蛋白工程、发酵工程、粮食工程等一批国内首建的博士学位授予点。经过多年发展，江南大学的食品科学与工程学科多次取得软科世界排名第一的好成绩。

张驹祥教授的一生都献给了油脂化学和食品风味化学的研究和发展，真正做到了"我还是从前那个少年，没有一丝丝改变"。了解了张驹祥教授的事迹，结合梁启超先生"少年强则国强"的言论，你认为他是如何凭借自己的力量影响了我国整个食品学科的发展？

参考文献

[1] Akanbi T O，Barrow C J. Candida antarctica lipase A effectively concentrates DHA from fish and thraustochytrid oils[J]. Food Chemistry，2017，229：509-516.

[2] 王雪斐，高坤鹏，孙建安，等. 海洋链霉菌来源的脂肪酶OUC-Sb-lip2的异源克隆表达及其富集DHA的应用[J]. 工业微生物，2020，50（04）：6-14.

[3] Jaeger K E，Eggert T. Lipases for biotechnology[J]. Current Opinion in Biotechnology，2002，13（4）：390-397.

[4] 朱蝶，胡蓝，汪师帅. 乳化剂分类、作用及在食品工业中应用[J]. 现代食品，2019，9：7-11+13.

[5] 魏兴昀. 气相色谱技术在粮油食品质量检测中的运用[J]. 中国食品，2021，17：144-145.

实验 2-8
酶解虾加工副产物制备 ACE 抑制肽

与虾仁蛋白相比，虾加工副产物的开发应用相对较少。目前我国虾加工副产物主要被用于生产饲料，少部分被用于制备几丁质，萃取甲壳素、壳聚糖、虾青素等一些附加价值较低的产业。那虾加工副产物是否只能局限于用于附加价值较低的产业呢？虾加工副产物是否可以用来制备活性较好的功能肽呢，比如 ACE 抑制肽？那又该如何利用虾加工副产物来制备功能较好的 ACE 抑制肽呢？

一、实验目的

（1）学习并掌握酶解方法。

（2）通过实验设计与结果分析掌握酶解产物对 ACE 抑制活性及多肽含量的影响。

（3）学习并掌握分光光度计的使用原理及方法。

二、实验原理

ACE（angiotensin-converting enzyme，血管紧张素转换酶，EC3.4.15.1）是一种含锌的二羧肽酶，含 1306 个氨基酸残基，分子量为 12000 ～ 15000，沉降系数为 7.9s，等电点为 4.75，根据作用底物的不同，最适值在 7.5 ～ 8.3 之间，能被 Zn^{2+} 和 Cl^- 激活，具有较宽的底物特异性。ACE 在人体内起着调节血压的作用，尤其在人体肾素 - 血管紧张素系统（renin-angiotensin system，RAS）和激肽释放酶 - 激肽系统（kallikrein-kinin system，KKS）中，对血压的调节起重要作用，而长期的高血压症状是引发心血管疾病的主要危险因素之一。所以 ACE 被作为治疗高血压病及其并发症重要药物的靶标，但是基于 ACE 的高血压病的治疗和药物开发过程中会产生不良反应，因此科学家们开始寻找新的降血压药物靶点和开发新的降血压药剂。

海洋生物是生物活性化合物的丰富来源，从海洋生物中提取的壳聚寡糖、多酚类物质以及多肽类都具有生物活性。其中，生物活性肽是氨基酸以不同组成和排列方式构成的，肽分子结构介于氨基酸和蛋白质之间，是更易于人体吸收的物质，组成生物活性肽的氨基酸残基个数在 2 ～ 50 个范围内，包含简单的线性结构或环状结构[1]。作为源于蛋白质的多功能化合物，生物活性肽具有很多生理活性功能，例如，降血压、降血脂、抗菌、抗氧化、抗血栓、免疫调节等，并且食用安全性极高。因此，生物活性肽是目前极具发展前景的功能因子。

其中ACE抑制肽越来越受到人们的关注，这一方面是因为高血压的发病率逐年上升，另一方面是因为化学合成的抑制剂在有效降低血压的同时会引发一系列副作用，如白细胞减少、血管性水肿、干咳、皮疹、蛋白尿和停药综合征等。近年来研究发现，食源性抑制肽没有上述副作用，并且具有较好的降血压功效，因而显示出良好的应用前景，成为目前的研究热点。研究人员利用酶水解海洋生物蛋白，获得了许多ACE抑制肽[2-4]。值得一提的是，很多ACE抑制肽是从海产品的副产物中制得[5]。所以，从食品蛋白质中开发抑制ACE的活性物质成为预防和治疗高血压的一种替代方法，其中ACE抑制肽是生物活性肽研究方向的热点之一。

本实验用α-胰凝乳蛋白酶和脯氨酸蛋白酶两种特异性蛋白酶酶解虾副产物，有望制备得到羧基端为脯氨酸或芳香族氨基酸的ACE抑制肽，通过测定ACE抑制率来研究酶解液的ACE抑制作用，同时通过测定酶解液中多肽含量进一步分析酶解过程，并为后续制备纯化ACE抑制肽提供实验基础。

三、实验器材

1.实验材料

（1）南美白对虾。

（2）α-胰凝乳蛋白酶。

（3）脯氨酸蛋白酶。

（4）底物（Hippuryl-His-Leu，HHL）。

（5）Gly-Gly-Tyr-Arg标准品。

（6）硫酸铜。

（7）酒石酸钾钠。

（8）三氯乙酸（TCA）。

2.实验仪器

（1）水浴锅：用于虾加工副产物的酶解。

（2）60目筛：筛选南美白对虾加工副产物。

（3）pH计：用于调节酶解的pH条件。

（4）烘箱：用于烘干虾加工副产物。

（5）分光光度计：用于检测酶解液的ACE抑制率。

（6）精密分析天平：用于准确称量样品及试剂。

四、实验方法

1.虾加工副产物制备

南美白对虾剥皮、去头，将头及皮等放于恒温干燥箱中65℃烘干12h，取出粉碎，过60目筛。

2.酶解虾加工副产物

本实验选择的酶是α-胰凝乳蛋白酶和脯氨酸蛋白酶，先用α-胰凝乳蛋白酶酶解4h，然后再用脯氨酸蛋白酶酶解4h。

α-胰凝乳蛋白酶和脯氨酸蛋白酶的酶解条件如表2-8-1所示[6]。

表2-8-1　α-胰凝乳蛋白酶和脯氨酸蛋白酶的酶解条件

酶	温度/℃	pH	添加量（E/S）
α-胰凝乳蛋白酶	37	8.0	1.5
脯氨酸蛋白酶	50	4.2	0.2

酶解完成后煮沸10min灭酶，并在4℃、10000r/min下离心10min取上清，真空冷冻干燥，即得虾加工副产物的ACE抑制肽粗品，于−20℃保存备用。

3.ACE抑制率的测定[7]

取100μL 5.0mmol/L HHL溶液和40μL离心后的酶解液上清液混合，于37℃水浴中保温10min，加入0.1U/mL ACE 20μL，混匀后于37℃恒温水浴中反应35min。从水浴锅中取出，向反应体系中加入200μL 1mol/L HCl终止反应，再加入1.2mL冷冻乙酸乙酯提取产生的马尿酸，旋涡振荡混匀后，以3500r/min离心5min，吸取1mL的乙酸乙酯层，在90℃烘箱中经1h烘干，冷却后加入4mL蒸馏水充分溶解，旋涡混合后于228nm处测吸光度值OD_{228}。平行对照管除在反应前先加入200μL 1mol/L HCl以终止反应外，其余操作步骤均同反应管，重复测定3次结果取平均值，根据下列公式计算酶解液ACE抑制率。

ACE抑制率计算公式如下：

$$\text{酶解液ACE抑制率}(\%)=(A_b-A_a)/(A_b-A_c)\times100\%$$

式中　A_a——酶解液和ACE同时与HHL反应的吸光度值；

　　　A_b——不含酶解液时，ACE和HHL反应的吸光度值；

　　　A_c——酶解液和ACE都不存在时的吸光度值。

4.多肽含量测定[8]

（1）双缩脲试剂配制：称取1.50g硫酸铜（$CuSO_4 \cdot 5H_2O$）和6.0g酒石酸钾钠（$KNaC_4H_4O_6 \cdot 4H_2O$），用500mL水溶解，在搅拌下加入300mL 10% NaOH溶液，用水稀释到1L，贮存于塑料瓶中（或内壁涂以石蜡的瓶中）。此试剂可长期保存。若贮存瓶中有黑色沉淀出现，则需要重新配制。

（2）标准曲线测定：各小组参照标准曲线的定义设计实验，以OD_{540}值为横坐标，Gly-Gly-Tyr-Arg标准溶液浓度为纵坐标，制作多肽含量标准曲线。

取10个10mL的容量瓶，用5%的TCA依次配制0.0mg/mL、0.2mg/mL、0.4mg/mL、0.6mg/mL、0.8mg/mL、1.0mg/mL、1.2mg/mL、1.4mg/mL、1.6mg/mL和1.8mg/mL的Gly-Gly-Tyr-Arg四肽标准溶液，然后分别取6.0mL标准溶液，加入4.0mL双缩脲试剂，于旋涡混合仪上混合均匀，静置10min，2000r/min离心10min，取上清液于540nm下测定OD值（以第一管作空白对照）。取两组测定的平均值，以OD_{540}值为横坐标，Gly-Gly-Tyr-Arg标准溶液浓度为纵坐标绘制标准曲线。

（3）样品处理：取2.5mL样品溶液，加入2.5mL 100g/L的三氯乙酸（TCA）水溶液，于旋涡混合仪上混合均匀，静置10min，然后在4000r/min下离心15min，将上清液全部转移到50mL容量瓶中，并用5%的TCA定容至刻度，摇匀。然后取6.0mL上述溶液至另一试管中，加入双缩脲试剂4.0mL（样液：双缩脲试剂＝3∶2，体积比），于旋涡混合仪上混合均匀，静置10min，2000r/min离心10min，取上清液于540nm下测定OD值，对照标准曲线求得样品溶液中的多肽浓度c（mg/mL），进而可求得样品中多肽含量。

本实验流程如图2-8-1所示。

五、实验报告

实验报告统一格式。

1.基本信息

课程名称				成绩	
姓名		学号		专业年级	
授课教师		时间		地点	
实验题目					
小组成员贡献度评价（各成员贡献度之和为100%）；小组共（　　）人					
姓名					
贡献度					

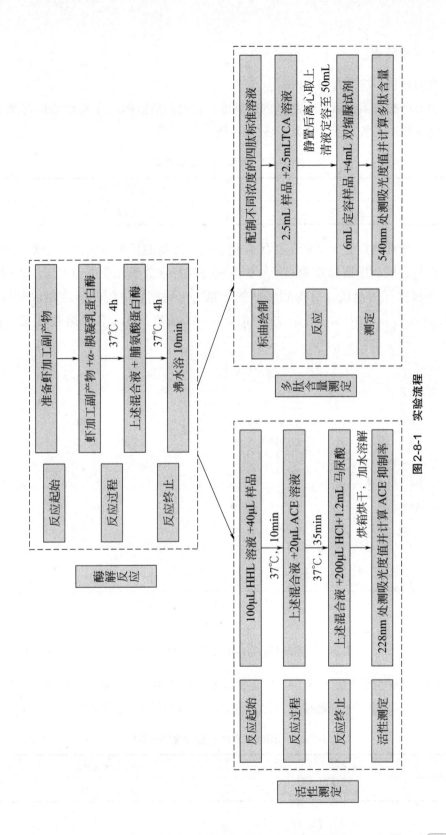

图2-8-1 实验流程

2.实验结果

实验报告中应包含如下内容。

（1）严格按照酶解条件得到的酶解液，并对酶解液的ACE抑制率进行测定，作表需使用平均值，示例结果如表2-8-2所示。

表2-8-2　酶解液ACE抑制率

名称	ACE抑制率/%
酶解液	48.47±1.36

（2）标准曲线测定实验的原始数据表格，绘制的标准曲线图，计算得到的标准曲线公式。根据标准曲线的制作方法测定标准曲线，并得到相应的回归方程，并根据标准曲线计算得到多肽的含量，示例测定得到的标准曲线回归方程为$y=15.978x-0.0118$，$R^2=0.9993$（$R^2 \geqslant 0.9990$精度好），示例结果如图2-8-2所示。

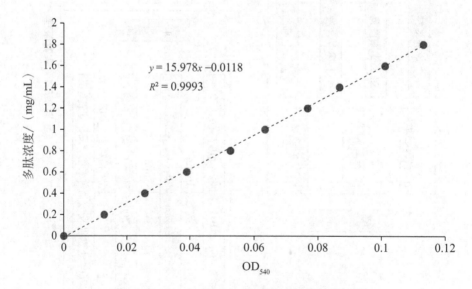

图2-8-2　Gly-Gly-Tyr-Arg 四肽标准曲线的示例图

（3）多肽含量测定结果中，应包括原始数据表格，并计算出酶解液的多肽含量数值，以平均值±标准偏差的形式表示。示例结果如表2-8-3所示。

表2-8-3　酶解液多肽含量测定结果示例

名称	多肽含量/%
酶解液	57.38±0.48

3.分析讨论

请根据你的酶解条件与结果，分析该酶解过程，并根据不同小组之间的结果比对，参照ACE抑制活性和多肽含量的结果，分析此酶解过程。实验中遇到了什么问题，你是怎么解决的？若尚未成功解决，请分析问题出现的原因，并提出相应的解决方案。根据实验结果，回答以下问题。

（1）根据酶解条件分析，随着酶解条件的变化，产物对ACE抑制活性的变化趋势是怎样的？

（2）测定ACE抑制活性中，HHL起到了什么作用？

（3）你对本实验还有什么建议？你还想进行哪些实验？

六、实验小结

> **术语：**
>
> 虾加工副产物：主要是指对原料虾筛选后加工成虾仁、虾尾及整肢虾等产品的下脚料，包括无法加工利用的低值小虾、虾壳、虾足及虾头等[9]。
>
> 肽：一个氨基酸的氨基与另一个氨基酸的羧基可以缩合成肽，形成的酰胺基在蛋白质化学中称为肽键。两个或以上的氨基酸脱水缩合形成若干个肽键从而组成一个肽链，多个肽链进行多级折叠就组成一个蛋白质分子。蛋白质有时也被称为"多肽"[10]。
>
> ACE：血管紧张素转换酶（angiotensin-con verting enzyme）是一种位于细胞膜上的Zn^{2+}依赖型羧二肽酶，也被称作肽基二肽酶A（peptidyl dipeptidase A）。ACE主要有2种异构体，体细胞型ACE（somatic ACE，sACE）和睾丸型ACE（testic ACE，tACE）[11]。
>
> ACE抑制剂：ACE抑制剂又叫血管紧张素转换酶抑制剂，是一类抗高血压药的总称，ACE抑制剂之所以能降低血压是因为它能够阻止体内生成血管紧张素Ⅱ，它是通过抑制生成血管紧张素Ⅱ所需要的一种催化酶，名叫血管紧张素转换酶，从而起到这一作用[11]。

（1）严格控制酶解条件，防止温度及pH等变化对最终酶解产物的ACE抑制活性有所影响。

（2）多肽含量测定过程中，样品处理时要注意TCA前后浓度的变化。

（3）在ACE与多肽含量测定中，建议每组样品最少作3个平行，以避免测定过程中操作失误造成实验失败。

七、应用总结

正常人体的血压受到体内多种交互影响的生化途径调节，血压的升高或降低依赖于特定时刻起主导作用的调节系统。其中，肾素-血管紧张素系统（RAS）一直以来被认为是在血压调节中最为重要的系统。在RAS系统中，不具有活性的 Ang Ⅰ（Asp-Val-Tyr-Ile-His-Pro-His-Leu）通过ACE的水解使其C末端的二肽裂解，转化为 Ang Ⅱ（Asp-Val-Tyr-Ile-His-Pro-Phe）。因此，抑制ACE的活性将能抑制血管紧张素Ⅰ转化为血管紧张素Ⅱ，从而抑制血压的升高。

ACE与底物的作用模型是由Ondetti于1977年首次提出，随后，Cushman和Ondetti在此模型基础上对其进行补充和完善。多年来，该模型一直被研究者用来解释ACE与底物及ACE抑制剂的作用机制，并在此模型基础上，合成了一系列现在仍然被广泛使用的ACE抑制剂，如卡托普利、赖诺普利等。

-------------------------------- **拓展阅读** --------------------------------

约翰·范恩（Sir John Robert Vane，1927—2004），英国药理学家与生物学家。由于发现阿司匹林抗炎作用机制，他于1982年获诺贝尔生理学或医学奖。在约翰·范恩小时候，父母送他一套化学仪器当作圣诞礼物，后续父母又专门为他建造了一个属于他自己的小木屋，这是约翰·范恩的"第一个实验室"。也正是小时候父母的这些礼物大大激发了约翰·范恩的科研兴趣，这为他后来发现阿司匹林抗炎作用机制奠定了基础。年轻时的约翰·范恩并不想进入药理领域工作，但是他发现自己对化学实在提不起兴趣，同时在牛津大学药理学系Harold Burn教授的影响下，他专心投身到药理的研究中。1971年，约翰·范恩开始着手于阿司匹林的研究，他极其好奇阿司匹林是如何发挥抗炎作用的。约翰·范恩首先发现阿司匹林可以抑制前列腺素的分泌，而且还可以抑制一种称为环氧合酶的蛋白质，进而阻断前列腺素的生成，最后发挥其抗炎镇痛的作用。这个发现意义深远，目前我们治疗头痛等炎性疾病的抗炎类药物都是基于约翰·范恩的研究发现的原理。1968年，约翰·范恩举办并主持了一个特别的学术研讨会，他邀请了巴西圣保罗大学药理系的专家参会，这次会议为后来发现卡托普利这个ACE抑制剂奠定了基础。阿司匹林抗炎机制的发现以及卡托普利等药物的合成发明，是众多科学家致力一生追求理想的缩影。

每个科学家都是伟大而执着的，所有的成就都离不开强大的信念和兴趣。

习近平总书记在2020年9月11日召开的科学家座谈会上就曾指出："科学成就离不开精神支撑。科学家精神是科技工作者在长期科学实践中积累的宝贵精神财富。"

参考文献

[1] Kim S K，Wijesekara I. Development and biological activities of marine-derived bioactive peptides：A review[J]. Journal of Functional Foods，2010，2（1）：1-9.

[2] Jung W K，Mendis E，Je J Y，et al. Angiotensin I-converting enzyme inhibitory peptide from yellowfin sole（*Limanda aspera*）frame protein and its antihypertensive effect in spontaneously hypertensive rats[J]. Food Chemistry，2006，94（1）：26-32.

[3] Himaya S W A，Ngo D H，Ryu B M，et al. An active peptide purified from gastrointestinal enzyme hydrolysate of Pacific cod skin gelatin attenuates angiotensin-1 converting enzyme（ACE）activity and cellular oxidative stress[J]. Food Chemistry，2012，132（4）：1872-1882.

[4] Wu Q Y，Jia J Q，Yan H，et al. A novel angiotensin-converting enzyme（ACE）inhibitory peptide from gastrointestinal protease hydrolysate of silkworm pupa（*Bombyx mori*）protein：Biochemical characterization and molecular docking study[J]. Peptides，2015，68：17-24.

[5] Harnedy P A，FitzGerald R J. Bioactive peptides from marine processing waste and shellfish：A review[J]. Journal of Functional Foods，2012，4（1）：6-24.

[6] 左琦. 酶解虾副产物制备ACE抑制肽[D]. 上海交通大学，2014.

[7] Jung W K，Mendis E，Je J Y，et al. Angiotensin I-converting enzyme inhibitory peptide from yellowfin sole（*Limanda aspera*）frame protein and its antihypertensive effect in spontaneously hypertensive rats[J]. Food Chemistry，2006，94（1）：26-32.

[8] 鲁伟，任国谱，宋俊梅. 蛋白水解液中多肽含量的测定方法[J]. 食品科学，2005，（07）：148-150.

[9] Kim J S，Shahidi F，Heu M S. Characteristics of salt-fermented sauces from shrimp processing byproducts[J]. Journal of Agricultural & Food Chemistry，2003，51（3）：784-792.

[10] Nasri R，Nasri M. Marine-derived bioactive peptides as new anticoagulant agents：A review[J]. Curr Protein & Peptide Science，2013，14：199-204.

[11] Kim S，Bang C，Kim A，et al. Inhibitory effect of active peptide from oyster hydrolysate on angiotensin-Ⅰ converting enzyme（ACE）[J]. Planta Medica，2013，79（13）：1665-1682.